우리집 논 = 놀이터

칠보산 마을 논 벼농사 체험프로그램

우리집 논 = 놀이터

칠보산 마을 논 벼농사 체험프로그램

이강오 지음

경진출판
Kyungjin Publishing Co.

쌀은 우리나라의 자존심

'2015.11.14 = 서울 종로구 광화문 일대에서 열린 민중총궐기 투쟁대회에 참가한 고(故) 백남기 농민이 경찰 물대포에 맞고 쓰러져 서울 종로구 연건동 서울대병원으로 이송. 의식 불명'
– 물대포 실수부터 '과잉진압' 결론까지…백남기 농민 사건 일지, 연합뉴스, 2018.8.21

농업인의 생존권을 위협하는 쌀수입 반대시위가 연일 계속되었다. 농업인단체의 거센 반발로 농림축산식품부는 2014년 9월 쌀수입 관세화 유예기간이 끝나는 시점에 맞춰 쌀 관세율을 513%로 높여 국내 쌀 생산 농가를 보호했다. 2004년 한·칠레 FTA 체결 이후 미국, 중국, EU, 아세안과 같은 15건의 FTA 체결로 52개 국가와 농업시장이 개방되었다. 2019년 현재에도 메르코수르(MECOSUR), 역내포괄적경제동반자협정(RCEP), 포괄적점진적환태평양경제동반자협정(CPTPP)와 같은 추가적인 FTA 협상이 진행중이다. 글로벌 개방화 시대에 농업시장 교역은 더욱 가속되고 있다. 하지만 국제통상무역을 진행하면서도 쌀만큼은 한 치의 양보가 없다. 쌀은 우리나라의 농림축산물 중에 가장 중요하게 여기는 주요 품목이며 마지막 자존심이다. 거세지는 농산물의 개방화 시대에도 쌀은 마지막까지 지키고 싶은 민감 품목이다.

요즘 사람들은 쌀을 사고 싶으면 언제든지 마트에 가면 된다. 매일 먹고 있는 쌀밥이 어떻게 만들어져서 식탁에 올라오는지 아는 사람이 많지 않다. 쌀을 생산하기 위해서 이른 봄부터 늦은 가을까지 벼를 재배하는 농업인은 부단한 노력을 한다. 농업인은 볍씨를 소독하고, 못자리를 만들어 모를 키우고, 모내기를 한다. 논에서 자라고 있는 벼를 위해서 새벽부터 밤낮으로 물 관리를 한다. 한여름의 뜨거운 햇빛 아래 김매기와 병충해를 방제하며 벼 생육을 보살핀다. 가을이면 잘 익은 벼 이삭을 수확하고 건조하여 정미소에서 도정하여 맛있는 쌀을 생산한다. 농업용 기계가 발달하지 않던 1960~70년대에는 모든 벼농사의 작업을 수작업으로 했다. 벼농사는 혼자 짓기보다는 마을 사람들과 서로 도와주며 협력하는 공동체 작업이었다. 요즘은 농업기계화로 혼자서도 충분히 많은 양의 벼농사를 짓는다. 예전에 비하면 벼농사 짓기가 수월해졌다.

농촌 지역에서 어린 시절을 보낸 필자는 논농사의 추억을 잊을 수 없다. 부모님을 도와 못자리 만들기, 모내기, 논두렁깎기, 벼베기를 했다. 어린 시절의 논농사에 대한 추억이 정서적으로 안정감을 주었고 지금도 그 시절의 즐거운 추억이 그립다. 논농사의 그리움을 달래기 위해서 논학교에서 1년 동안 논농사를 배웠다. 그동안의 농사 경험과 논학교의 짧은 지식으로 아이들과 함께 '논 놀이터 체험프로그램'을 기획·운영했다. 논 놀이터 체험을 통해서 벼농사의 소중함과 자연생태환경의 중요성을 깨달았다. 아이들은 1년 동안 논에서 놀면서 자연스럽게 벼의 생육 과정을 습득하였고 농업인의 고된 작업과 고마움을 느낄 수 있었다. 조용한 논에서 아이들의 웃음소리와 해맑은 모습에 깊은 감명을 받았다. 아이들 못지않게 어른들도 도시에서 벼농사를 지을 수 있어서 어린 시절의 농촌 향수와 추억을 공감할 수 있는 소중한 시간이었다.

우리나라 농업의 자존심인 벼농사를 제대로 알고 싶었다. 벼농사에서 대해서 어렴풋이나마 알았지만 정확하게 이해하고 싶었다. 도시농업을 시작하면서 텃밭이 아닌 벼농사에 관심을 가졌다. 도시에서 벼농사는 쉽지 않다. 벼 재배 논을 구할 수가 없었고 넓은 면적과 고된 작업에 섣불리 나서기 어렵다. 하지만 벼농사의 경험이 전혀 없는 아이들에게 특별한 경험을 해주고 싶었다. 논농사의 소중함과 자연환경 중요성을 자연스럽게 알려주고 싶었다. 아이들이 직접 논에서 모내기를 하고 벼베기를 체험하며 소중한 쌀을 직접 생산한다. 논에서 아이들은 즐겁게 놀면서 벼의 생육 과정을 이해하고 자연생태계의 소중함을 자연스럽게 배운다.

실제로 도시농업과 논 놀이터 프로그램을 운영하면서 즐거운 체험활동과 벼의 재배 과정을 활동 중심으로 정리했다. 논 놀이터의 체험프로그램을 메뉴얼로 만들어 농업에 관심이 많은 독자에게 전달하고자 한다. 독자가 벼농사의 기초 지식과 논 놀이터의 체험프로그램에 대한 전반적인 내용을 쉽게 이해할 수 있도록 상세하게 구성했다. 특히, '논=놀이터' 매회 운영되는 프로그램 뒤에는 벼 재배기술과 농사 관련 전통풍습을 알기 쉽게 체계적으로 요약하여 정리했다.

1장 〈논=놀이터〉은 논 놀이터 체험프로그램의 활동 목적과 전반적인 내용을 설명하고, 벼농사의 소중함을 배우고 농업의 새로운 가치실현의 방법을 제시한다.

2장 〈겨울〉은 '논=놀이터' 운영을 위한 계획을 세우고 회원 모집과 오리엔테이션과 같은 운영 준비활동을 설명한다.

3장 〈봄〉은 실제 벼농사를 짓기 위해서 볍씨를 준비하고, 못자리를 만들고, 논을 갈고 거름을 주어 '논=놀이터'의 사전활동을 한다.

4장 〈여름〉은 본격적으로 논에 손 모내기를 하고 김매기와 논두렁에 콩심기, 논 주위의 생명체와 벼 생육 과정을 관찰하며 다양한 벼농사 체험활동을 진행한다.

5장 〈가을〉은 정성스럽게 키운 벼를 지키기 위해서 허수아비를 만들고, 벼꽃을 관찰하고, 벼베기, 탈곡 후 방아를 찧어 회원들과 함께 쌀밥을 지어 먹으며 지난 1년 동안의 벼농사 추억을 나눈다.

복잡한 도시에서도 이웃들과 어울려 도시농업을 즐기면서 실천하고 새로운 가치를 얻을 수 있기를 바란다. 체계적인 도시농업프로그램인 '논=놀이터'를 통해서 미래세대인 어린이들과 학생들에게 벼농사의 현장체험이 이루어졌으면 좋겠다. 특히, 도시농업활동을 지도하는 도시농업관리사나 체험농업을 지도하는 전문강사분들에게 유익한 내용이길 바란다. 또한, 우리나라 벼농사의 소중함과 농업인의 고마움을 잊지 않았으면 한다. 우리가 매일 먹고 있는 쌀밥의 의미를 되새기며 농업의 중요성을 인식하길 기대한다.

마지막으로 칠보산 논 놀이터를 계획하고 운영에 적극적으로 협조해 주신 칠보산마을만들기 이계순 대표님, 칠보산마을연구소 박민수 님, 도토리시민농장 이진욱 님, 전국토종씨앗도서관협의회 박영재 대표님, 논주인 박창선 통장님, 제주대학교 진일두 교수님, 농정원의 배태명 님과, 원고를 흔쾌히 받아주시고 멋진 책으로 만들어 주신 경진출판 양정섭 대표님께 깊은 감사를 드립니다. 주말마다 텃밭농사와 논 놀이터 행사에 아무런 불평 없이 참여해준 사랑하는 아내와 아이들에게도 고마움을 전합니다.

2019년 12월
이강오

우리집 논 = 놀이터

①

농촌 향수

　도시에 살면서 8년째 주말농장을 하고 있다. 처음 도시농업을 시작할 때는 아이들을 위해서 시작했다. 하지만 아이들은 2~3년 주말농장을 하고 난 다음부터는 텃밭에 나가는 횟수가 줄었다. 급기야 지금은 집사람과 둘이서만 주말농장을 하고 있다. 나이가 들어가면서 주말농장에 관심과 애착을 더욱 갖는다. 아파트에 살기보다는 텃밭 딸린 전원주택에서 살고 싶으나 전원주택으로 이사는 쉽지가 않다. 아이들의 교육문제도 걸리고 직장으로 출퇴근 시간도 부담이 된다. 그래서 합의점을 찾은 것이 도시에 살면서 주말농장을 하는 도시농업인으로 살아가고 있다. 실제 전문농업인이 도시농업인을 볼 때 소꿉장난으로 보일 수 있다. 도시농업인은 5평 정도의 텃밭을 가꾸는 것은 농산물을 생산하기보다는 새로운 가치를 얻기 위함이다. 작은 텃밭을 가꿈으로써 마음의 여유를 가질 수 있고 이웃과 소통하며 농업의 즐거움에 만족한다.

어린 시절부터 바쁜 농사철이면 부모님의 농사일을 도왔다. 모내기하는 날이면 못자리에서 모를 뽑아 작은 다발로 묶은 모춤을 모내기할 논의 적당한 위치에 갖다 놓았다. 손으로 모내기를 하기에 좋도록 미리 모춤을 배열해 놓는 것이다. 너무 배게 놓으면 또다시 뒤로 옮겨야 하기에 적당한 위치에 자리를 잡아 놓아야 한다. 모춤을 다 놓으면 논두렁에서 못줄을 잡는다. 손 모 내는 사람들이 모를 다 심으면 적당한 간격으로 못줄을 옮긴다. 못줄을 잘 잡아야 여름에 김매기와 같은 작업에 편리하고 가을에 수확량도 늘어난다. 농업기계가 발달하지 않은 시절의 모내기는 정말 힘들었지만 마을 주민들의 소통과 교류의 장소였다. 모내기 중간에 힘들면 누군가 시작한 노래를 다함께 부른다. 새참 시간에 맛있게 준비해 온 음식을 논두렁에 앉아서 먹는 즐거움은 잊지 못한다. 모내기는 농촌마을에서 가장 중요하고 큰 행사이다. 마을 사람들이 돌아가면서 서로서로 품앗이로 모내기를 진행한다. 모내기는 벼농사의 대표적인 공동체 작업이다.

최근 귀농·귀촌에 대한 관심이 매우 높다. 사람들은 정년퇴임 후 노년에 농촌에서 생활하고 싶어 한다. 통계청에 따르면 2014년 31만 명, 2015년 33만 명, 16년도에는 34만 명으로 매년 1만 명씩 귀농인구가 증가했다. 2018년 6월 농림축산식품부의 발표에 따르면 2017년 귀농·귀촌으로 농촌으로 이동한 인구는 52만 명에 달한다. 귀농·귀촌을 하는 주된 목적이 농사를 짓기 위해서이기도 하지만 농촌생활을 그리워하는 경우도 많다. 농업을 통해서 새로운 가치를 얻을 수 있고 삶의 여유를 느낄 수 있을 것이다.

우리나라의 인구 약 1,000만 명 이상이 서울에 살고 있으며 약 2,600만 명이 수도권에서 생활하고 있다. 직장생활과 자녀 교육 때문에 어쩔 수 없이 도시에 사는 경우가 많다. 정년퇴임을 하고 자녀 교육을 마치면 복잡한 도시를 벗어나 전원생활을 목표한다. 도시를 벗어나지 못하는 사람들은 농촌의 향수를 도시농업으로 달랜다. 도시농업의 즐거움을 주위 사람들과 나누며 함께 공동체 작업을 한다. 도시에서 텃밭을 가꾸고, 논농사를 짓고, 농사 체험 활동에 참여한다. 농업의 새로운 가치는 다양한 농사 체험을 통해서 아이들에게도 전달된다. 아이들은 간접적으로나마 농업의 소중함과 농업인의 고마움을 배운다.

도시농업의 발전과 더불어 도시농업관리사의 활동영역은 점점 확대되고 있다. 도시농업관리사 중심의 학교텃밭, 치유텃밭, 주말농장과 같은 다양한 도시농업 체험프로그램을 운영관리한다. 요즘 도시농업활동은 텃밭 중심으로 활발하게 진행한다. 도시농업에서 논농사의 체험프로그램은 쉽지 않다. 텃밭활동보다 접근성이 어렵고 불편하다. 도시에 살면서도 충분히 논농사 체험활동을 할 수 있다. 논농사의 체험은 텃밭 농사와 또 다른 즐거움을 준다. 도시에서 논농사를 통해서 쌀의 소중함과 자연생태계보존을 확인할 수 있다. 논농사 체험활동으로 어른들은 농촌의 향수를 느낄 수 있고 아이들은 벼의 생육 과정을 자연스럽게 습득한다.

현재 우리나라 농업은 많은 어려움에 직면해 있다. 농촌 노령인구의 증가로 농업노동력이 감소하였다. 무역자유화에 따른 농산물의 수입이 급증한다. 음식의 간편식과 패스트푸드의 증가로 식습관이 변했다. 농업의 경쟁력을 높이기 위해서 농업기계의 개발과 대단위 규모로 재배한다. 농업의 생산 방식은 예전과 많이 달라졌으나 농업의 중요성은 계속 지켜져야 한다.

예전에는 보리와 잡곡이 몸에 좋다고 하여 혼식을 장려하였으나 쌀이 귀한 이유도 있었다. 옛날부터 쌀은 소중하게 관리하였고 부의 척도로 취급되었다. 쌀밥을 먹을 수 있다는 것은 부자 집안의 상징이었다.

요즘은 어떠한가? 쌀밥 먹기를 장려한다. 쌀 생산이 너무 많아 논에 벼가 아닌 밭작물의 재배를 권장한다. 매년 쌀 소비량이 줄어든다. 연간 1인당 쌀 소비량은 61kg이다. 사람들은 쌀밥보다는 면이나 빵을 좋아하고 밥도 하루에 3식을 모두 먹지 않는다. 밥공기만 보더라도 그 옛날의 밥그릇과 지금의 밥그릇은 너무나 차이가 난다. 간식거리가 없던 옛날과는 다르게 요즘은 먹을 것이 너무나 많다. 아침을 먹지 않고 회사를 가거나 학교에 가는 경우가 많다. 특히, 젊은 세대는 다이어트를 한다며 밥을 먹지 않은 경우가 많고 먹더라도 아주 조금 먹는다. 쌀 소비가 줄어들 수밖에 없다.

농림축산식품부에서는 2015년 농축산물의 전면적인 시장개방으로 쌀관세화 적용으로 벼 재배 농가 보호와 쌀 소비를 촉진을 위해서 '쌀의 날(1월 18일)'을 제정하였다. 쌀 소비촉진을 위해서 다양한 방법으로 홍보한다. 대표적인 것으로 아침밥 먹기를 지원한다. 자취생활을 많이 하는 대학생을 대상으로 '1000원의 아침밥'이라는 캠페인을 진행한다. 구내식당의 아침식사가 3,500원 하는데 학생이 1,000원, 대학교가 1,500원, 농식품부가 1,000원을 각각 부담한다. '1,000원의 아침밥' 캠페인은 2017년부터 추진하였으며 2019년도에는 전국 16개 대학 341,000명을 대상으로 진행하고 있다.

쌀 소비를 촉진하기 위해서 쌀을 가공하여 다양한 상품을 개발하여 판매한다. 주요 쌀 가공품은 쌀밥류, 떡류, 국수류, 빵류, 과자, 주류, 음료와 같은 상품이다. 쌀밥류는 언제 어디서나 간단히 먹을 수 있는 가공상품으로 레토르트밥, 무균포장밥, 냉동밥, 동결건조밥, 즉석쌀밥과 같은 간편식이 있다. 떡은 예로부터 각종 행사나 관혼상제와 같은 중요한 날에 이용되었다. 떡을 만드는 방법이나 모양과 재료에 따라 떡 종류는 다양하다. 쌀빵은 밀가루와 쌀을 7대 3으로 혼합하거나 쌀 100%로 하여 빵을 만든다. 술은 쌀과 같은 곡류를 이용하여 막걸리나 전통주를 만든다. 전통주는 약 200여 가지나 된다. 쌀과자는 쌀을 원료로 하여 만든 과자로 한과류와 스낵류가 많다. 이 외에도 식초류, 장류, 음료수와 같은 다양한 가공품을 만들어 쌀 소비를 촉진한다.

〈표〉 농림축산식품부의 쌀 소비 촉진을 위한 대상자별 홍보 활동 예시

연령	밥쌀에 대한 인식	홍보 방안	추진 내용	
5~10세	◆ 매일 먹는 밥 또 먹어야 해? ◆ 밥보다는 피자, 햄버거 선호 ◆ 고기 없으면 밥 안 먹을래?	쌀밥 섭취에 대한 관심 유도	어린이 놀이 콘텐츠	
10~18세	◆ 밥 먹을 시간에 잠을 더 잔다 ◆ 공부하려면 뭘 먹긴 해야 되는데 ◆ 쌀은 고탄수화물 식품으로 비만	쌀의 긍정적인 영향력 전달	아침 간편식	
18~29세	◆ 밥 말고 먹을 것 많아 ◆ 매일 먹는 밥 새로운 것 없어 ◆ 다이어트하려면 탄수화물 끊어야지 ◆ 매일매일 챙겨 먹어요	쌀의 새로운 측면 소개	◆ 천원의아침밥 ◆ 재미와 문화로 접근	PR캠페인 '밥이답이다'
30~50세	◆ 나는 안 먹어도 우리 아이는 챙겨 먹인다. ◆ 건강에 대한 관심이 높다 ◆ 쌀밥 위주의 식단은 준비가 오래 걸린다.	쌀 간편식 정보 제공 확대	간편식 소비홍보	
50~65세	◆ 한국사람은 밥심 ◆ 밥이 보약이지 ◆ 밥을 남기면 안 된다	쌀에 대한 인지 강화	언론홍보	

〈그림〉 쌀 소비 촉진을 위한 박람회 개최 예시

쌀밥류

떡류

쌀발아미

쌀과자류

쌀막걸리

누룽지

〈그림〉 쌀 소비 촉진을 위한 쌀 가공품 상품개발 예시

2

벼농사의 소중함

'농자천하지대본야(農者天下之大本也)'

'농업이 세상에서 가장 근본이다'라는 말로 우리 조상들은 옛날부터 농업을 가장 중요시했다. 농업을 하는 사람을 존중하였고 대우를 받았다. 임금도 궁궐에 일정한 공간에서 시범적으로 농사일을 할 정도로 중요하게 여겼다. 하지만 요즘은 어떤가? 농사를 짓지 않기 위해서 대도시로 인구가 몰려든다. 농업은 힘들고 경제성이 낮고 삶의 여유가 없다. 농촌에는 70~80대의 노령의 인구가 많고 젊은 세대는 찾아보기 힘들다. 인구가 감소한 마을은 한적하다 못해 없어진 마을도 있다. 아이들이 없어서 시골의 초등학교는 폐교가 되어 없어진다. 다행인 것은 최근 귀농·귀촌의 인구가 증가하면서 농촌에도 희망이 있다. 특히, 젊은 귀농인들은 관례적인 농사 방법에서 탈피하여 새로운 방법과 아이템으로 농사를 짓는다. 농산물은 생산에 그치지 않고 가공하고 판매를 곁들여 부가가치를 높인다. 농업을 매개체로 하여 생산자와 소비자가 어우러져 즐기며 농산물을 생산하고 교류한다.

벼농사는 언제부터 시작했을까? 벼농사는 기원전 13,000년에서 15,000년 사이에 아시아와 아프리카에서 시작했다고 한다. 아시아 지역에서는 충북 청원군 옥산면 소로리(청주시) 일대에서 탄화미가 발견되었는데 탄소 연대를 측정한 결과 13,000~15,000년 전의 것으로 추정한다. 농작물을 재배하면서 유목생활에서 정착생활을 시작하며 다양한 문화를 형성하기 시작했다. 사람들은 피, 기장, 조, 보리와 같은 잡곡을 재배하여 기장쌀, 좁쌀, 보리쌀이라 부르며 주식으로 먹었다. 고려시대 벼농사가 정착되면서 벼 낟알만이 쌀이라고 부르기 시작했다. 조선시대에 들어서면서 심경법이나 이앙법의 발달로 쌀 수확량이 늘어났다. 벼농사 재배는 매우 힘들고 노동력이 필요로 하는 작업이다. 이른 봄부터 볍씨를 선별하여 벼농사 준비를 한다. 못자리에 볍씨를 파종하여 모종을 기른다. 일정한 크기로 자라면 모종을 논에 옮겨심어서 재배한다. 벼농사 재배에서 가장 중요한 것이 물관리다. 이른 새벽부터 삽을 들고 논에 나가서 물관리하고 잡초를 제거하는 김매기를 한다. 가을이면 잘 익은 벼를 베어서 탈곡하여 저장 보관한다. 수확한 벼는 정미소에서 도정을 하여 맛있는 쌀밥을 먹는다. 농업인이 쌀을 생산하기 위해선 아흔아홉 번의 손이 가야 한다고 할 정도로 힘든 작업이다. 다행히 요즘은 병충해 방제법과 농업기계화로 좀 더 수월하게 농사를 지어 맛있는 쌀을 생산할 수 있다.

벼농사는 농촌 지역의 가장 큰 경제성을 갖는다. 어릴 적에 쌀값은 80kg

한 가마니에 16만원 내외로 기억한다. 오늘날의 쌀값은 약 22만원이다. 쌀값은 예전보다 6만원이 올랐다. 35여 년의 세월이 흘렀지만 쌀값의 변동은 크지 않다. 라면값이나 버스 요금은 10배 이상 가격이 올랐다. 쌀값의 가격 변동이 크지 않은 것은 여러 가지 정책 지원의 영향이 크다. 우리나라에서 쌀은 매우 중요한 의미가 있는 관심 품목이다.

벼농사를 체계적으로 배우고 싶어서 논학교를 1년간 다녔다. 논학교에서는 전통적인 방식으로 논농사를 짓는다. 벼농사 이론과 실습을 적절하게 혼합하여 진행한다. 솔직히 말하면 이론보다 실습이 많다. 온몸으로 벼농사를 습득한다. 논학교 과정은 볍씨를 소독하여 못자리를 만들고, 못자리에서 모가 자라는 동안 논에 거름으로 미강(쌀겨)을 발효하여 논에 뿌린다. 논은 경운과 써레질을 하지 않은 무경운법으로 경작하였다. 모내기 전에 무성하게 자란 잡초를 맨손으로 뽑아야 했다. 본 논에 모를 심는 것도 손 모내기를 하였고 주기적으로 잡초를 제거하는 김매기를 했다. 벼베기는 콤바인이 아닌 낫으로 이틀 동안 베었고 발로 밟는 탈곡기를 이용하여 벼 낟알을 탈곡하였다. 1년 동안 벼농사를 짓고 배우면서 농부들의 노고를 조금이나마 느낄 수 있었다. 벼 재배 과정에 따른 여러 가지 작업내용도 습득할 수 있었다.

요즘은 농업이 세상의 근본이 되지 못한다. 개발도상국의 경우 농업이 차지하는 비중은 매우 크다. 예전에 1960~70년대만 해도 우리나라도 농업의 비중이 컸다. 산업이 발달하고 경제소득이 높아질수록 농업은 후순위로 밀렸다. 하지만 기후변화와 환경오염으로 식량안보의 중요성이 강조되고 있다. 농업은 미래의 식량창고이자 희망이다. '농자천하지대본야(農者天下之大本也)'라는 말이 다시 강조될 수 있다. 농업은 예전의 관례농업이 아니다. ICT(정보통 신기술) 융복합기술이 접목된 스마트농업으로 발전하고 있다. 발전하는 농업의 보면서 예전에 낭만적이고 여유로웠던 전통전인 농업을 그리워한다. 전업 농업인이 아닌 도시농업인에게는 더욱 그러하다. 농업의 소중함을 자라는 미래 세대에게 전달할 필요가 있다. 농업은 식량의 생산수단만이 아닌 새로운 가치를 창출한다.

벼의 기원지는 학자들에 따라 여러 가지 학설이 있다. 충북 청원군 옥산면 소로리(청주시) 일대에서 탄화미가 발견되기 전까지는 중국의 화남지방으로 알려져 있었다. 청주시에서 발견된 탄화미는 탄소 연대를 측정한 결과 13,000~15,000년 전의 것으로 중국보다 이전에 재배한 것으로 판명되었다. 쌀은 우리 민족의 단순한 먹을거리 이상이며 벼농사는 농촌의 공동체생활의 원천이었다.

〈표〉 재배벼와 야생벼의 차이 비교

구분		재배벼	야생벼
번식 특성	번식 방법 종자번식 양식 꽃가루 확산거리	종자번식 자식성(타식률 약 1%) 20m	종자 및 영양번식 타식성(30~100%) 40m
종자 특성	종자 크기 탈립성 까락	큼 낮음 짧음	작음 높음 강하고 깊
내비성		강함	약함
생태 특성	생존 연한 감광성·감온성 내저온성	1년 (수확후 싹이 나지만 겨울에 얼어 죽음) 민감/둔함 약함	1년생 및 다년생 모두 민감 강함

*출처: 쌀 생산과학(향문사, 2011) 자료 재편집

재배 벼는 볏과의 벼속(Oryza) 식물이다. 재배하고 있는 벼는 자포니카(Japonica, 일반형), 인디카(Indica, 인도형), 자바니카(Javanica, 자바형)로 분류된다. 자포니카는 한국, 일본, 중국에서 주로 재배하고 밥에 찰기가 있다. 인디카는 인도, 미얀마, 베트남, 캄보디아,

필리핀, 스리랑카에서 주로 재배하며 밥에 찰기가 없고 푸석푸석하다. 자바니카는 인도네시아에서 재배하고 찰기는 중간 정도이며 벼알이 크고 타원형이다.

〈표〉 재배벼의 유형별 특징 비교

	분얼 정도	종실 크기	탈립성	밥상태	재배지역
자포니카	중간	짧고 타원형	낮음	찰기가 있음	한국, 일본, 중국
인디카	많음	길고 가늘다	높음	찰기가 없음	인도, 스리랑카, 미얀마, 라오스, 태국, 베트남, 말레이시아, 캄보디아, 필리핀 등
자바니카	적음	크고 타원형이다	낮음	중간 정도	인도네시아

*출처: 벼 재배공학(향문사, 2011) 자료 재편집

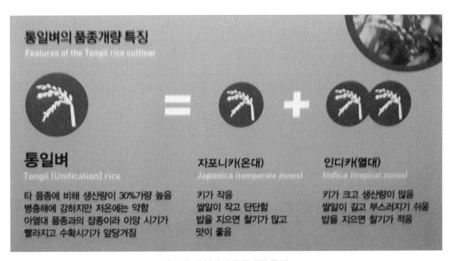

〈그림〉 통일벼의 품종개량 특징

*출처: 농촌진흥청 농업과학관(전시)

3

논=놀이터란?

선생님: 여러분, 쌀은 어디서 나지요?

아이들: ○○마트요 !!!

선생님: 뭐라고 .... 음 ...

위의 대화는 정말 어이가 없다. 아이들은 쌀은 마트에 가면 무조건 있는 줄 안다. 사실 틀린 말은 아니다. 쌀을 구입하기 위해서는 마트에 가야 한다. 하지만 선생님이 여기서 질문의 답은 마트가 아닐 것이다. 쌀은 벼에서 만들어지거나 논에서 나온다는 대답을 기대했을 것이다. 요즘 아이들은 쌀을 생산하는 논이나 벼를 실제로 보기가 쉽지 않다. 벼가 어떻게 자라고 어떤 과정을 거쳐서 쌀로 만들어지는지도 당연히 모를 것이다. 비단 아이들뿐만 아니라 도시에서 생활하는 어른들도 마찬가지다. 쌀을 생산하기 위해서 농업인들은 얼마나 고생하는지 모른다. 그저 쌀은 하나의 상품으로 취급한다. 우리가 언제든지 쉽게 살 수 있는 공산품처럼 말이다. 하지만 쌀은 공산품과 다르다. 쌀은 오랜기간 동안 농업인의 세심한 보살핌과 정성으로 만들어진다.

통계청 발표에 따르면 2017년 12월 1일 현재 농가인구는 240만 명이다. 우리나라 전체인구의 4.7%에 해당한다. 나머지 95.3%는 농업을 하지 않고 다른 직종에 종사하며 생활한다. 여기서 농가인구는 농가에서 생계를 같이 하는 가족 및 친인척을 의미한다. 농가인구가 아닌 경우 농사를 접하기가 쉽지 않다. 최근 도시농업인구가 늘어나면서 간접적으로나마 농작물 재배를 체험한다. 도시농업인의 농작물 재배는 대부분 5평 내외의 텃밭에서 이루어진다. 논에서 재배하는 벼농사의 참여는 어려운 실정이다. 논의 규모도 크고 벼 재배 관리도 쉽지 않다. 벼 재배는 텃밭 재배와 다른 재배 기술을 필요로 한다. 필자는 도시에서도 벼농사를 짓고 싶어서 이곳저곳 알아보았다. 운좋게 친환경농산물을 판매하는 단체에서 운영하는 논학교를 1년 동안 다니며 벼농사에 대해서 배웠다. 논학교의 배운 지식과 경험을 토대로 미래세대인 아이들에게 전달하고 싶었다. 힘든 논농사가 아니라 주입식의 지식전달이 아니라 논에서 놀면서 자연스럽게 벼농사를 직접 체험할 수 있도록 했다.

2013년 겨울 아이들에게 논을 통한 체험과 교육을 고려하여 '논 놀이터'를 기획했다. 1년 동안 논에서 다양한 놀이문화와 벼 재배체험을 통하여 자연스럽게 논의 생태계를 관찰하고 벼의 생육 과정을 이해한다. 농부들의 노고와 고마움을 직접 경험한다. 오랜 시간과 힘든 과정을 거친 벼농사로 얻어진 쌀의 소중함을 느낄 수 있다. 기획된 '논 놀이터 체험프로그램'은 칠보산마을연구소 단체가 중심이 되어 추진했다. 칠보산마을연구소는 경기도 수원시 칠보 지역의 마을발전을 위한 사회적 협동조합이다. 논 놀이터를 운영하기 위해서는 가장 먼저 벼를 심고 가꾸는 논을 구해야 한다. 벼를 재배할 논은 될 수 있으면 도심에서 가까운 위치가 좋다. 논이 확보되면 논 놀이터에 참여할 회원을 모집한다. 참여 회원은 20~25구좌가 적당하다. 참여 회비는 1구좌당 6~10만원 내외이다. 가족 중에 한 명만 신청해도 전체 가족이 모두 참여할 수 있다. 회원은 논농사 체험행사 8회 참여와 수확 후 쌀 5kg을 선물로 받는다.

주요 체험내용은 모내기, 콩심기, 김매기, 논 주위 생태관찰하기, 허수아비 만들기, 벼베기, 쌀밥 먹기이다. 체험활동은 벼의 생육단계별 과정을 연계하여 새로운 놀이문화를 만들어 진행한다. 논 놀이터 체험활동과 벼의 재배일지를 기록 관리하여 벼가 자라는 이력 정보를 회원에게 제공한다. 회원들의 참여를 높이기 위해서 활동사진 콘테스트, 쌀 브랜드 공모전과 같은 이벤트를 진행한다.

논농사 체험프로그램은 어린이들을 우선으로 진행하며 일반 시민들도 참여할 수 있다. 참여자들은 체험활동을 통해서 벼의 생육 과정과 자연생태계를 이해한다. 1년 동안 논에서 벼 재배를 통해서 낯선 이웃과 소통하고 즐거운 시간을 함께 보낸다. 바쁘고 복잡한 도시생활에서 잠시나마 떠나 삶의 여유와 행복을 누릴 수 있다. 비록 체험활동은 한 달에 한 번이지만 논농사 경험을 통해서 쌀의 소중함을 인식한다. 논 놀이터에 참여한 도시민은 쌀을 직접 농업인에게 구입하여 지역 농업인과 상생할 수 있다. 향후 논 놀이터를 통해서 생산된 쌀의 상품브랜드를 로컬푸드와 연계하여 수익을 창출하는 방안도 검토할 수 있다.

논 놀이터는 도시민들이 벼농사를 이해하기 위해서 활동할 수 있는 체험

프로그램이다. 농촌 지역의 노령화 문제와 거세지는 수입농산물에 위축된 농업 현실을 극복하는 하나의 방법이기도 하다. 여기에 기술된 벼의 생육단계별 다양한 체험과 벼 재배 지식이 농사 프로그램에 활용할 수 있다. 농업을 접하지 못하는 아이들이나 도시민들에게 농업을 이해하고 벼농사의 중요성을 인식하는 좋은 기회가 될 것이다.

농경사회에서는 음력을 주로 사용했다. 농사를 지으면서 필요에 따라 절기가 만들어졌다. 하지만 절기는 음력이 아닌 양력을 기준으로 한다. 천문학적으로는 태양의 황경이 0°인 날을 기준으로 15° 간격으로 24절기를 나눈다.

　24절기의 이름은 중국 주(周)나라 때 화북 지방(황하 유역)의 기상 상태와 동식물의 변화에 맞춰 붙여진 이름이다. 24절기는 봄, 여름, 가을, 겨울로 나누고 각 계절마다 6등분하여 양력 기준으로 한 달에 두 개의 절기를 배치한다.

- **봄**: 입춘(立春), 우수(雨水), 경칩(驚蟄), 춘분(春分), 청명(晴明), 곡우(穀雨)
- **여름**: 입하(立夏), 소만(小滿), 망종(芒種), 하지(夏至), 소서(小暑), 대서(大暑)
- **가을**: 입추(立秋), 처서(處暑), 백로(白露), 추분(秋分), 한로(寒露), 상강(霜降)
- **겨울**: 입동(立冬), 소설(小雪), 대설(大雪), 동지(冬至), 소한(小寒), 대한(大寒)

<표> 24절기와 농사짓기

양력	계절	절기	주요 내용	농사짓기
2월	봄	입춘(4, 5일)	봄의 시작	농사 준비
		우수(18, 19일)	봄비 내리고 싹이 틈	논, 밭두렁 태우기
3월		경칩(5, 6일)	개구리가 겨울잠에서 깨어남	식물이 싹트기 시작
		춘분(20, 21일)	낮이 길어짐	농사 시작
4월		청명(4, 5일)	봄 농사 준비	봄 밭갈이
		곡우(20, 21일)	농사비가 내림	씨앗 파종, 모종 심기
5월	여름	입하(5, 6일)	여름의 시작	해충, 잡초 번성
		소만(21, 22일)	본격적인 농사 시작	보릿고개, 모심기
6월		망종(5, 6일)	씨뿌리기 시작	농번기 절정
		하지(21, 22일)	낮이 가장 긴날	웃거름주기
7월		소서(7, 8일)	더위의 시작	장마, 더위
		대서(22, 23일)	더위가 가장 심함	논두렁 풀베기
8월	가을	입추(7, 8일)	가을의 시작	곡식 이삭 핌
		처서(23, 24일)	더위 식고 일교차 큼	배추모종 심기
9월		백로(7, 8일)	이슬 내리기 시작	가을걷이 시작
		추분(23, 24일)	밤이 길어짐	오곡백과 익어감
10월		한로(8, 9일)	찬이슬 내리기 시작	벼베기, 과일 수확
		상강(23, 24일)	서리가 내리기 시작	보리 파종
11월	겨울	입동(7, 8일)	겨울의 시작	한 해 마무리
		소설(22, 23일)	얼음이 얼기 시작	월동 준비
12월		대설(7, 8일)	큰 눈이 내림	땅과 물이 얼다
		동지(21, 22일)	밤이 가장 긴 시기	농한기
1월		소한(5, 6일)	가장 추운 시기	한파 대비
		대한(20, 21일)	큰 추위	보리밟기

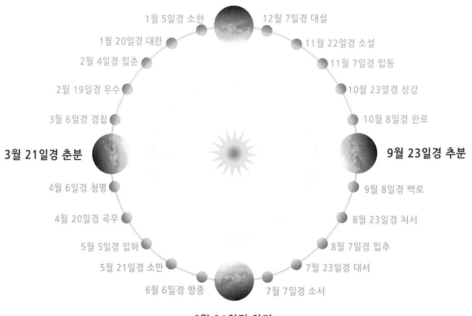

<그림> 태양을 중심으로 돌아가는 24절기 예시

4

농업 힐링

도시농업이란 도시 지역에 있는 토지, 건축물 또는 다양한 생활공간을 활용하여 작물을 재배하거나 화초를 가꾸거나 양봉을 사육하는 행위 중에 한 가지라도 실천하는 경우를 말한다. 도시농업의 정의에 대해서는 "도시농업 육성 및 지원에 관한 법률 제2조_(정의)"에 잘 나타나 있다. 최근 도시농업에 대한 관심이 높다. 도시농업의 인구는 2015년 1,309천 명에서 2018년 2,121천 명으로 약 2배 증가했다. 도시에서 진행하는 텃밭 분양은 참여자가 많아 경쟁률이 높다. 도시민은 텃밭농사를 지으며 가족과 이웃들과 어울리며 즐거운 여가 시간을 갖는다. 텃밭면적도 2015년 850ha에서 2018년 1,300ha로 약 2배 증가하였다. 특히, 지자체에서 운영하는 텃밭에는 도시농업관리사가 상주하면서 작물재배 방법을 알려준다. 작물을 재배한 경험이 없는 도시민은 간단한 도시농업교육을 받을 수 있다.

텃밭농사의 대표적인 것이 주말농장이다. 주 중에는 직장에 다녀서 작물을 돌보지 못하고 쉬는 날인 주말에 텃밭을 가꾼다. 주말에만 농사를 짓는다고 해서 주말농장이다. 주말이면 온 가족이 텃밭에 나가서 잡초를 뽑고, 물을 주고, 상추나 토마토를 수확한다. 수확한 상추의 양이 많은 경우 이웃집에 나누어준다. 마트에서 상추를 구입할 경우에는 이웃집과 나누지 못한다. 자신이 텃밭에서 직접 재배하고 가꾸기 때문에 이웃에게 나눠줄 수 있는 여유가 있다. 매일 매일 수확하는 농산물은 혼자 먹기에는 양이 너무 많다. 옛말에 곳간에서 인심 난다고 했다. 경험상 주말농장을 참여하는 진행 단계가 있다. 처음 2~3년은 자신의 가족만 위해서 작물을 재배한다. 주말농장을 하다 보면 자연스럽게 이웃 텃밭 주인을 알게 되고 친하게 지낸다. 물론 작물을 밟거나 풀을 뽑지 않아서 서로 사이가 나쁠 수도 있다. 주말농장이 익숙해지면 맘이 맞는 사람들끼리 공동으로 경작하는 공동체 텃밭을 운영할 수도 있다. 텃밭 작업이 끝나면 함께 바비큐도 하면서 서로 교류하며 즐거운 시간을 갖는다. 도시농업은 혼자보다 여럿이 함께 하는 것이 좋고 재미있다. 공동체로 농작물을 경작하고 이웃과 교류하면서 소통하며 삶을 풍요롭게 하여 즐겁고 새로운 가치를 느낄 수 있다.

전문농업인이 도시농업인을 볼 때는 하찮게 여겨질지 모르겠다. 5평 남짓한 땅에서 생산하는 농산물이 얼마나 될까? 제대로 관리되지 않아서 잡초가 무성한 텃밭은 또 어떤가? 일주일에 한 번 와서 1~2시간 텃밭을 관리하는 게으른 도시농업인의 모습은 맘에 드는가? 농업기계의 발달로 대규모 단지의 농사를 혼자서도 짧은 시간에 작업한다. 작업 관리와 경제성을 고려하여 단일 품목을 대량으로 생산한다. 그 옛날의 공동체적인 농작업과 정감 있는 전통농업 방식은 찾아볼 수 없다. 하지만 도시농업인은 농업의 전통성을 지키려 노력한다. 농사를 시작하기에 앞서 '시농제'를 지낸다. 텃밭 농사 규모는 작지만 여러 품목을 심고 가꾼다. 농약을 사용하지 않고 친환경 재배법으로 농작물을 생산한다. 예전부터 전해져 내려오는 토종 씨앗을 심고 가꾸어 우리 것을 지키고 보존하려 노력한다. 농작물을 생산하기보다 농업의 매개체로 새로운 가치를 얻는다. 이웃과 교류하고 소통하며 마음의 여유를 갖는다. 농업을 통하여 힐링하며 즐겁고 건강하게 지낼 수 있다.

복잡한 도시보다는 여유로운 농촌생활이 편안함을 준다. 도시농업을 통해서 전체적으로 만족하지는 못하더라도 충분히 삶의 여유를 느낄 수 있다. 조그만한 텃밭에 작물을 키우면서 잠시나마 농부가 되어 정성스럽게 작물을 재배한다. 텃밭에 나가 잡초를 뽑고, 잎을 갉아 먹는 애벌레를 잡아준다. 시간이 날 때마다 물을 주면서 작물을 키우는 재미를 만끽한다. 작은 양이지만 상추, 토마토, 오이와 같은 신선한 농산물을 수확할 때는 즐겁고 성취감을 맛본다. 작물을 직접 재배하여 생산한 농산물은 맛있고 소중한 의미가 있다. 크기가 작고 모양이 못생겨도 상관없이 맛있게 먹는다. 도시농업으로 작은 성취감과 즐거움을 충분히 얻을 수 있다. 농업의 중요성을 인식하며 농업인의 노고를 잠시나마 느낄 수 있다.

아이들에게 쌀은 어디서 나오냐고 물어보면 모두가 마트에서 나온다고 답한다. 아이들뿐만 아니라 어른들도 쌀은 마트에서 구입할 수 있다고 생각한다. 도시에서 생활하는 사람들에게는 맞는 말이다. 쌀을 생산하는 현장을 한번도 경험해 보지 못했기 때문이다. 쌀이 만들어지기까지 수많은 노력과 정성을 들여야 하며 여러 가지 작업 단계를 거친다. 요즘은 논농사는 농업기계화 덕분에 벼농사를 짓기가 수월해졌다. 모내기는 이양기가 하고 벼베기는 콤바인이 작업하여 건조장이나 정미소로 보내어 쌀이 만들어진다. 예전에 비하면 수월하게 농사를 짓고 있다. 물론 힘들게 농사를 지을려고 하는 젊은 사람이 없다. 농촌은 노령화로 70~80대가 많으며 농작업활동이 어려운 실정이다. 소중한 우리의 쌀을 생산하고 농촌을 지킬 수 있는 새로운 접근 방법이 요구된다. 쌀은 우리나라의 주식이며 중요하게 여겨져 왔다. 도시생활인이 늘어나면서 벼농사의 소중함과 농업인의 노고를 아는 사람이 적다. 농업이 산업의 우선순위가 낮아지면서 소외되고 잊혀져 관심이 적다. 하지만 옛날부터 농업은 만물의 근본이었다. 앞으로 4차 산업혁명시대에도 농업의 중요성은 더욱 커질 것이다. 모든 것이 자동화되고 산업이 발달하더라도 농업의 중요성은 요구된다. 바쁜 도시생활에서도 농작물을 재배하는 일은 일상생활에 삶의 활력소가 될 것이다.

요즘 화장실은 모두 수세식(좌변기)이다. 화장실은 건물 안에 방과 함께 위치한다. 옛말에 화장실과 처갓집은 멀어야 한다고 했다. 화장실 냄새 때문에 거주하는 공간과는 멀리 배치하였다. 농경사회 중심의 시대에는 대부분 자연순환농법을 한다. 사람들이 섭취한 음식물은 소화가 되어 대변으로 배출되고, 대변은 발효 과정을 거쳐서 논과 밭의 거름으로 작물을 잘 자라게 양분을 공급한다. 농작물은 맛있는 농산물로 사람에게 음식으로 제공한다. 전통적인 관례농업은 선순환적이고 지속 가능한 농업이다.

〈그림〉 선순환적 농업방식 예

예전에 시골집에는 주춧돌을 2개 놓아 만든 재래식 화장실을 사용했다. 1년 동안 대변을 모아서 발효시켜서 논이나 밭에 거름으로 사용한다. 재래식 화장실에서 대변을 보고 그 위에 나뭇재나 왕겨로 덮어 놓으면 자연히 발효가 일어난다. 오랜 기간 자연적으로 숙성된 화장실의 거름은 봄에 농사철이면 밭에 밑거름으로 사용한다. 재래식 화장실에 모아진 거름은 작물을 재배하는 데 중요한 역할을 한다. 예전에는 그랬다. 요즘은 친환경적인 자연농법의 재래화장실은 찾아볼 수 없다. 수세식 화장실이 생기면서 화장실의 거름은 만들 수 없게 되었다. 농업인은 화장실의 거름 대신에 계분이나 돈분으로 만든 퇴비를 구입하여 농사를 짓는다.

　주말농장을 하다 보면 거름의 중요성이 느낀다. 넓지 않은 5~10평 되는 텃밭에 작물을 키우다 보니 농약이나 화학비료를 전혀 사용하지 않고 작물을 재배한다. 물론 시중에서 판매하는 퇴비를 구입하여 텃밭 농사를 짓는다. 하지만 의식 있는 도시농업인은 친환경 생태 똥집을 짓거나 텃밭 한쪽에 거름더미를 만들어 직접 거름을 만들어 사용한다. 친환경 생태 똥집은 소변과 대변을 구별하여 모아 놓는다. 아파트생활에 익숙한 도시농업인이 생태 똥집을 이용하기에는 조금 어려운 점이 있을 수 있다. 왕겨와 대변을 섞어 발효되면서 나오는 냄새가 힘들 수 있고, 수세식 화장실에 익숙하여 낯설기도 하다. 소변을 모아서 1주일 동안 발효시켜서 소변 액비로 사용한다.

〈그림〉 칠보산 도토리농장 생태 똥집 모습

〈그림〉 칠보산 도토리농장 생태 똥집 내부 모습

〈그림〉 퇴비 통과 소변 액비 사용 예시

미래농업

    논농사는 힘들고 손이 많이 가는 농작업이다. 벼농사를 짓기 위해서는 볍씨를 고르고, 소독하고, 못자리 만들고, 모내기, 김매기, 벼베기와 같은 벼 재배 과정에 따른 농작업이 많다. 겨울이 끝나고 봄이 오면 볍씨를 소독하고 못자리를 만든다. 못자리는 벼 모종을 키우는 것으로 이른 봄 날씨에 부직포나 비닐로 덮어 보온한다. 벼 모종이 어느 정도 자라면 논에 적당한 간격으로 모내기를 한다. 모내기는 마을 전체의 공동체 작업이다. 집집마다 모내기 작업 날짜를 잡아서 서로 이웃 간의 품앗이로 모내기를 한다. 모내기가 끝나면 김매기와 물관리를 해줘야 한다. 매일 새벽 아침 논에 물 관리를 위해서 삽을 들고 논으로 나간다. 농업인의 일상은 논을 한 바퀴 둘러보고 와서 아침을 먹는다. 벼베기 또한 마을공동체 작업으로 낫으로 베고 베어진 벼는 홀태나 탈곡기로 탈곡하여 곡간에 벼 가마를 쌓아놓는다. 수확된 벼는 필요할 때마다 방아를 찧어서 쌀을 만든다. 논농사는 마을 전체의 공동체 작업이었으며 대표적인 전통방식 농업이다.

　논농사의 기계화가 시작된 것은 1980년대이다. 손 모내던 것을 이양기로 모내기를 한다. 예전에 10여 명이 하루 내내 작업하던 모내기가 이양기로 2시간에 혼자서도 충분히 작업한다. 낫으로 벼베기하던 작업도 콤바인이 도입되어 빠른 시간에 벼베기를 한다. 여러 사람이 공동작업을 하던 일이 이양기나 콤바인으로 혼자서도 충분히 가능하다. 농업기계화가 도입되면서 벼농사의 고된 노동에서 벗어날 수 있었다. 농업기계를 이용하여 효율적으로 농사일을 처리한다. 요즘은 드론을 이용하여 농약을 살포하고 물 수위 센서를 이용하여 논의 물 관리를 제어한다. 논농사에도 스마트 기술이 적용되어 농업인의 편의성이 좋아졌다. 농업생산량이 증가하고 소득도 향상되었다. 하지만 농촌 지역의 공동체 농작업이 사라졌다. 농업은 한 분야의 산업으로 발전했다. 농업생산성을 높이기 위해서 품종을 개량하고 화학비료와 같은 농자재를 많이 사용한다. 이제는 어렸을 때 보았던 정감 있는 논농사의 모습은 찾아보기 어렵다.

　농촌 지역에는 예전 전통농업의 모습은 없다. 마을공동체 단위의 작업과 생활 방식이 변하고 있다. 농촌마을이 없어지거나 축소되고 있다. 농촌 노령 인구의 급증으로 노동력을 절감하는 농업기계화는 필연적이다. 농업은 규모가 커지고 단일 품목을 재배하여 경제성을 높인다. 지난 4월 둘째 주에 주말농장 텃밭 개장식에 다녀왔다. 텃밭 주인이 농업의 시작을 알리는 시농제를 준비하여 지냈다. 한 해의 농사를 잘 짓고 풍년을 기원하는 고사이다. 시농제가 끝나고 준비된 음식을 나눠 먹으며 이웃 텃밭 사람과 이야기를 나눈다. 1년 동안 텃밭에서 함께 농사를 지으면서 친하게 지내며 서로 교류한다. 도시농업인은 농업생산성을 높이기보다는 토종 씨앗을 심어서 재배한다. 토종 씨앗은 일반 농산물보다 상품성은 떨어지지만 오래전부터 재배하던 농작물이다. 그 옛날 농촌 지역에서 대대손손 지어 오던 토종 씨앗을 보존하고 가꾸고 있는 것은 도시농업인이다. 도시농업은 텃밭 농사를 지으면서 농업을 접할 수 있도록 하며 이웃 사람들과 관계를 끈끈하게 연결해주는 가교 역할을 하는 매개체이다.

최근 우리나라에는 스마트팜의 보급이 확대되고 있다. 스마트팜은 일정한 공간 내에서 작물을 재배할 경우 실시간으로 작물 재배환경인 온도, 습도, 광, CO_2 등을 측정하여 작물이 잘 자랄 수 있도록 최적의 재배환경을 제공해준다. 온도가 높으면 측창과 천창을 열어서 환기를 시키고 온도가 낮으면 보일러를 가동하여 온도를 높여준다. 재배작물은 최적의 생육 조건에 프로그램화된 시스템에 의해서 자동으로 관리된다. 작물을 재배하기 위해서 땅이 필요치 않을 수 있다. 인위적으로 영양분을 공급하는 양액재배로 작물을 어디서나 재배할 수 있다.

앞으로 농산물의 생산은 농촌 지역이 아닌 도시 지역에서도 생산할 수 있다. 토양재배가 아닌 건물이나 특정 공간을 이용하여 농산물을 재배하고 생산한다. 농산물 생산은 1년에 여러 번 생산할 수 있다. 수직농장은 기존의 자연환경이나 기상환경에 영향을 받지 않고 농산물을 언제든지 생산할 수 있다. 도심에서도 건물이나 컨테이너를 이용하여 작물을 생산한다. 작물별 재배관리 프로그램을 이용하여 자동으로 작물을 재배한다. 농산물을 생산하는 농업인은 모종을 심고 작물품종만 선택해주면 작물재배프로그램이 알아서 자동으로 재배 관리한다. 생산된 농산물은 유통비용 없이 인근 식당이나 식품업체에 납품되어 신선함을 유지한다. 농산물을 재배하기 위해서 별도의 노하우나 재배기술이 필요하지 않는다. 기본적으로 설정된 값에 의해서 작물을 키우고 관리한다. 농작물을 수확하는 것도 사람이 아닌 농업용 로봇을 이용하여 적기에 수확하여 출하한다. 농업은 점점 사람의 손길을 필요치 않는다. 농업인은 농작물을 생산하고 재배하는 작업은 점점 수월해질 것이다.

　대부분 도시에서 생활하는 현대인은 농업현장에 참여나 경험을 접하기가 쉽지 않다. 한창 자라는 미래세대들에게 농업의 중요성을 인식할 수 있도록 농업체험의 기회를 주어야 한다. 농업에 대한 학습이 아닌 놀며 즐기면서 자연스럽게 농업을 이해할 수 있는 체계가 필요하다. 산업발전과 기술개발이 발달하여도 농업의 중요성을 인식해야 한다. 농업은 인류의 생명을 책임지는 식량 창구이다.

솟대는 나무로 만든 새를 장대 위에 꽂아 마을을 지키는 상징물이다. 마치 마을을 지키는 장승인 지하대장군과 천하대장군처럼 말이다. 솟대는 일반적으로 나무로 만들지만 오래 보관하기 위해서 돌이나 쇠로 만들기도 한다. 솟대의 새 모양은 Y자형 나뭇가지로 만들거나 기역(ㄱ)자형 나뭇가지를 머리와 목으로 여겨서 넓적한 나무판에 연결하여 만들기도 한다. 솟대 위에 올려놓은 새는 1마리이거나 2~3마리이다. 새의 머리 방향은 일반적으로 북쪽을 향하거나 마을을 향하기도 한다. 솟대는 홀로 세워놓기도 하지만 마을 입구의 장승과 함께 설치하기도 한다. 솟대의 높이는 대체로 3m 이상이며 장승과 함께 세워질 때는 장승보다 높게 만든다. 새는 오리라고 하지만 지역에 따라서 기러기, 갈매기, 까치, 까마귀로 불리기도 한다. 오리는 물새가 갖는 다양한 상징성으로 농사에 필요한 물을 가져다주고, 화재를 방지하며, 홍수를 막아주는 것과 같은 여러 가지 의미를 가지며 풍년, 풍어, 마을의 안녕을 기원한다. 솟대는 솔대, 소줏대, 표줏대, 별신대, 거릿대, 화줏대, 성주기둥과 같이 여러 가지 이름으로 불린다.

〈그림〉칠보산 논 놀이터의 풍년을 기원하는 마음으로 솟대 설치

〈그림〉다양한 솟대 작품 전시회 모습

겨울

1

논=놀이터 운영계획 세우기

일시	체험 내용	활동 참여자	준비물
1월 초	운영계획서 수립	운영자	논=놀이터 운영계획, 자료조사

도시농업을 시작하면서부터 벼농사에 도전하고 싶었다. 일반적으로 도시 농업은 텃밭 농사가 대부분이다. 다행스럽게도 수원의 칠보산 인근에는 도심인데도 불구하고 논농사를 짓고 있는 곳이 많았다. 도심의 아파트와 농촌 지역이 인접해 있어서 정서적으로 편안함을 주는 아늑한 도시 지역이다. 아이들에게 농사체험을 텃밭이 아닌 논농사를 경험하게 하여 농업인의 노고와 고마움을 느낄 수 있도록 하고 싶었다. 도시민이 벼농사의 체험을 통해서 농업의 중요성을 인식할 수 있다. 농사체험으로 도시민과 농업인의 교류가

활발하기를 기대했다. 그리고 농업인이 생산한 농산물을 도시민이 직접 구입할 수 있는 체계를 만들고 싶었다. 농업인이 생산한 농산물을 인근의 도시민에게 직접 공급하는 것이다. 일반적으로 도시민은 주말이면 마트로 장보기를 한다. 일주일 동안 필요한 식료품을 구입하는 것이다. 마트에서 구입한 농산물은 2~3일 지나면 신선도가 떨어진다. 농업인에게 신선한 농산물을 구입하는 것도 중요하지만, 농업인과 도시민이 서로 연결되어 소통하고 교류하는 것이 더 큰 목적이다.

논 놀이터의 주요 체험활동은 모내기, 논 생태 관찰하기, 콩심기, 김매기, 벼꽃보기, 허수아비 만들기, 버베기, 탈곡하기와 같은 벼생육 과정에 따라 체험프로그램을 구성한다. 각 체험프로그램은 오전 9시에 시작하여 12시간 내외로 진행한다. 논농사의 고된 작업노동보다는 즐거운 체험활동을 중심으로 진행한다. 벼농사의 생육단계별 주요 과정을 놀이문화와 접목하여 벼농사의 지식과 흥미를 얻을 수 있다. 체험에 참여하는 어린이는 자연스럽게 벼농사를 이해하고 어른들은 지난날의 향수를 되새기는 즐거운 시간을 갖는다. 논 놀이터 체험프로그램 중에는 '회원들의 활동사진 공모전'과 '쌀브랜드 만들기 공모전'을 진행한다. 활동사진 공모전은 논 놀이터 활동 기간에 추억으로 남는 사진을 뽑는다. 쌀 브랜드 만들기 공모전은 논 놀이터에서 회원들이 직접 생산한 쌀의 브랜드를 만들어 포장지로 제작하여 회원들에게 5kg씩 포장하여 증정한다. 논 놀이터에서 회원들이 친환경재배로 생산한 쌀의 상품 브랜드는 향후 로컬푸드와 연계하여 수익을 창출할 수 있는 기반으로 발전시킨다.

논 놀이터 운영에 따른 활동 내용은 온라인상의 카페와 SNS를 통해서 회원들에게 공유한다. 벼 재배 관리의 작업일지도 함께 기록 관리하여 회원들이 정보를 공유할 수 있도록 한다. 논 놀이터 체험프로그램을 진행하는 날에는 1주일 전부터 회원들에게 문자나 SNS 채팅방을 통해서 공지하여 프로그램 참여율을 높인다. 체험 일정을 공지할 때는 필요한 준비물과 간식, 물을 반듯이 챙길 수 있도록 전달한다. 논 놀이터의 대상자는 일반 시민과 어린이들의 가족회원 중심으로 운영한다. 논 놀이터는 1년 동안 벼의 재배 과정을 통해서 자연스럽게 자연생태계와 벼의 생육 과정을 이해할 수 있도록 한다. 직접 모내기를 하고 벼베기를 통하여 벼의 생육단계별 벼농사체험을 한다.

논 놀이터 계획이 수립되었다면 운영 주체가 있어야 한다. 운영 주체는 기본적으로 도시민과 농업의 교류를 중요시하고 농업에 대한 이해도가 높으면 좋다. 특별하게 벼에 대한 전문지식이 없더라도 농업을 이해하고 체험활동을 통한 새로운 가치를 얻을 수 있는 마인드가 필요하다. 이런 조건을 갖춘 단체가 '도시농업지원센터'라고 생각한다. 도시농업지원센터는 도시농업을 하는 데 전반적인 활동을 지원한다. 도시농업지원센터의 역할은 텃밭 관리, 주말농장 운영, 도시농업 교육훈련, 도시농업 관련 체험 및 실습 프로그램 운영이다. 논 놀이터 운영단체는 도시농업지원센터가 적합하다. 논 놀이터는 도시민이 경험하기 힘든 논농사를 체험할 수 있고, 농업인은 그동안 농사경험을 이야기함으로써 농업의 소중함을 알리는 좋은 기회이다. 도시민과 농업인은 협력하여 새로운 가치를 만들어낼 수 있는 멋진 체험프로그램이라 할 수 있다. 농산물을 생산하는 농업인과 농산물을 소비하는 도시민이 상호교류하는 공동체의 출발점이 될 수 있다.

칠보산마을연구소의 "칠보 논 놀이터" 운영 계획

1. 추진개요

□ 추진목적

　○ 일반시민과 어린이를 대상으로 논농사 체험 프로그램을 통하여
　　벼의 생육과정과 자연생태계의 이해에 따른 행복한 삶의 질 향상

□ 추진방안 : 논 놀이터 30구좌 펀드 회원모집(1구좌 60,000원)

　○ 회원은 체험행사(8회) 무료 및 수확 후 쌀 5kg 증정(친환경재배)

□ 추진기간 : 2014년 4월 ~ 2014년 12월

□ 주관기관 : 칠보산마을연구소

2. 추진방안

논농사 체험 벼 재배 및 수확 (칠보 논 놀이터)	▷	벼 재배과정 이력관리 (칠보산마을연구소)	▷	상품 브랜드화 1kg, 5kg, 10kg (로컬푸드 연계)

□ 주요 추진 내용

　○ 회원모집(4월~) 및 모내기, 메뚜기잡기, 벼베기 체험 프로그램 운영

　　- 벼의 생육단계별 과정을 체험과 연계하여 새로운 놀이문화 발굴

　○ 벼 재배 작업일지 기록 및 QR코드를 통한 이력정보 제공(SNS병행)

　○ 논농사 활동 사진 콘테스트 개최 및 논 디자인을 통한 홍보강화

　○ 생산된 쌀의 상품 브랜드화 및 로컬푸드와 연계한 수익창출

　○ 2014년 칠보산마을연구소 공동체 논농사체험 자료집 및 사진첩 발간

〈그림〉논=놀이터 프로그램 계획수립 예시

지식06 농악(農樂)

농악은 농촌에서 농사일을 할 때 집단노동이나 큰 행사에 흥을 돋우기 위해서 연주하는 음악이다. 농악은 다른 말로 풍물, 풍장, 굿이라고도 한다. 농사의 대표적인 논농사의 모내기, 김매기와 같은 힘든 일을 할 때 피로를 줄이고 일의 능률을 높이고 흥을 돋우기 위해서 사용되었다. 하지만 농작업의 기계화로 공동체 작업이 줄어들면서 농촌에서 농악은 찾아보기 힘들다. 요즘은 특별한 날이나 축제 때 길놀이나 행사의 시작을 알리는 음악으로 많이 사용한다. 농촌이 아닌 도시에서 도시농부들이 시농제를 지낼 때도 농악을 사용하기도 한다. 농악은 흥겹게 공연을 보여주는 전문 연희패로 구성된 사물놀이와 난타로 발전했다.

농악이 언제부터 시작되었는지 확실하지 않지만 농경생활과 함께 시작했다고 한다. 삼국시대부터 하늘에 제사를 지내는 제천의식을 할 때 사용되었다고 추측한다. 농악은 악기와 무용수로 구성한다. 농악에 쓰이는 악기는 꽹과리, 징, 장구, 북, 소고, 태평소, 나팔과 같이 타악기 중심이다. 그 외에 양반, 무동, 가장녀, 농기구, 집사, 포수, 장부와 같은 가장 무용수의 춤과 노래가 함께 어울린다. 타악기로 연주를 담당하는 농악수들을 앞치배라 하고 무용과 익살을 맡은 가장 무용수들을 뒷치배라고 한다. 농악에 쓰이는 가락은 각각 지방마다 다르지만 대체로 굿거리형, 자진모리형, 타령형, 난모리형과 같이 다양한 장단이 있다.

〈그림〉논 놀이터 모내기 전 풍물패의 길놀이 모습

〈그림〉풍물패의 공연 모습

〈그림〉 도시농업의 시농제 때 풍물놀이 모습

2

논=놀이터 부지 선정

일시	체험 내용	활동 참여자	준비물
2.20.	논 부지 선정	운영자	논=놀이터 입지 조건, 임대비용 등

논 놀이터 프로그램을 운영할 부지 선정은 매우 중요하다. 체험장 논은 될수 있으면 도심에서 가까운 위치가 좋다. 회원들이 이동하기 쉽고 걸어서 갈수 있는 거리이면 더욱 좋다. 회원 가족이 모두 참석하니 벼를 심는 포장(논) 이외에 쉴 수 있는 공간이 필요하다. 논 주변에 적당한 공간은 논 놀이터 프로그램 운영할 때 앉아서 교육장이나 쉼터로 이용한다. 논에서 체험프로그램을 운영하다 보면 힘들고 지칠 때는 논 밖으로 나와서 쉴 곳이 있어야 한다. 일반적으로 논은 그늘이 없는 곳이다 보니 햇빛을 가릴 수 있는 그늘막을 설치가 필요하다. 체험프로그램이 끝나면 그늘막 아래에서 준비해 온 간

식이나 점심을 먹는다. 논두렁에 앉아서 이웃 회원과 나누는 정겨운 이야기는 즐겁다. 논 놀이터 체험활동 후에 논두렁에 앉아서 먹는 음식은 정말 맛있다. 그 옛날의 모내기나 벼베기때 논두렁에서 앉아서 먹었던 새참이 생각난다.

칠보산 지역은 도심과 농촌이 인접해 있는 지역이다. 도심의 아파트에서 도보로 10분만 가면 텃밭과 논을 볼 수 있는 농촌풍경을 만날 수 있다. 도시민이 주말농장과 벼농사 체험하기는 적당한 곳이다. '칠보 논 놀이터'는 수원시 호매실동 자목마을 통장님의 협조로 구할 수 있었다. 자목마을 경로당 앞에 위치한 논으로 입지가 좋았다. 논의 크기는 400평$^{(1,320m^2)}$이다. 논 옆에

〈그림〉 임대한 논 놀이터의 위성사진 모습

는 넓은 논두렁이 있어서 회원들이 쉴 수 있는 공간으로 안성맞춤이다. 체험 행사 때 회원들이 돗자리를 깔고 앉아서 쉴 수 있는 충분한 공간이었다. 논 옆에 넓은 도랑이 있어서 하천의 생태계를 관찰할 수 있는 좋은 조건의 논 놀이터 체험 논을 구했다.

논의 위치는 좋았으나 토양은 최근 객토를 하여서인지 거름기가 없어 보였다. 논 놀이터는 친환경 재배 방법으로 벼를 재배하기에 토양의 상태가 중요하다. 토양의 비옥도를 높이기 위해서 써레질을 하기 전에 거름을 충분히 주어야 한다. 토양의 양분 상태에 따라서 생산량에 큰 영향을 준다.

논 놀이터에서 체험장소를 선택하는 또 하나의 중요한 점이 있다. 주변의

〈그림〉임대한 논 놀이터의 포장 모습

논 주인과의 관계도 고려해야 한다. 논 놀이터 행사에 참여시 좁은 논두렁을 밟아 허물어져서 민원이 발생하는 일도 있다. 인접한 논에서 다량의 농약 화학비료 사용으로 친환경 재배의 어려움이 있을 수 있다.

논 놀이터의 운영 부지를 선정하는 방법은 두 가지이다. 첫 번째는 논을 임대하여 전반적으로 농사를 짓는 것이다. 두 번째는 논을 임대보다는 논에서 체험활동을 할 수 있도록 협조를 요청한다. 첫 번째 논을 임대하는 경우에는 전반적인 벼농사를 책임지고 관리해야 하며 논에서 생산된 수확량을 모두 운영 주체가 갖는다. 두 번째 방법의 논은 체험활동만 하는 경우에는 논 주인이 전반적인 벼농사를 관리하며 생산량도 논 주인이 갖는다. 논 놀이터 체험프로그램 참여 회원에 대한 일정금액을 논 주인에게 지급하면 된다. 칠보산 논 놀이터에서는 400여 평의 논을 임대하여 진행하였으면 수확된 쌀은 운영자 측에서 모두 소유하였다.

지식07 논과 밭의 차이점

논은 물이 항상 잠겨 있는 토양이다. 물을 좋아하는 작물을 키워야 한다. 논에서 재배하는 대표적인 작물은 벼와 미나리이다. 벼는 기온이 높고 비가 자주 오는 지역에서 잘 자란다. 토양에 물이 고여 있어야 하기에 논 주위에는 두둑을 만들어서 물이 새는 것을 막는다. 논에 물이 들어오는 곳과 빠져나가는 곳을 만들어줘서 적절하게 물을 조절한다. 상대적으로 물이 없는 산간 지역에서는 밭농사를 짓는다. 밭작물의 대표적인 품목은 콩, 감자, 쌈채소, 파, 고추와 같은 작물과 사과, 배, 복숭아, 자두와 같은 과일나무를 심고 가꾼다. 밭작물은 같은 작물을 다년간 심으면 연작피해가 있어서 작물을 돌려 심기를 해야 한다. 반면 논에는 물이 있는 상태에는 토양의 성질을 중성으로 변화시킨다. 이런 이유로 논에서는 매년 벼를 재배하여도 연작피해가 없다. 논흙은 유기물이 쌓이고 토양 중에 철이 환원되어 흑회색이며, 밭흙은 유기물이 씻겨 내려가고 철이 산화되어 붉은색을 띤다.

<표> 논과 밭의 비교

	논	밭
목적	주식인 쌀을 생산함	부식인 채소류나 과일 생산
지역	바닥이 고른 평지	산간 지역
주요 작물	쌀, 미나리, 연근 등	채소류, 화훼류, 과수, 밀, 보리 등
토양 관리	물에 쓸려 유기물이 쌓이고 환원 과정 토양 중에 철이 환원되어 흑회색	유기물이 씻겨 내려가는 산화토 토양 중에 철이 산화되어 붉은 계통
재배 형태	담수 상태에서 재배	건조한 토양 상태에 재배
작업 순서	경운 → 쇄토 → 모내기	경운→쇄토→고랑만들기→ 파종, 옮겨심기
사진		

<그림> 논에 물을 대는 무자위 모습

*출처: 농촌진흥청 농업과학관(전시)
*낮은 곳의 물을 보다 높은 지대의 논과 밭으로 퍼올리는 도구

3

회원 모집

일시	체험 내용	활동 참여자	준비물
2~3월	회원 모집	운영자	논=놀이터 운영계획서 회원 모집 안내문, 회원신청서

'칠보 논 놀이터'는 칠보산마을연구소가 주관이 되어 진행했다. 칠보산마을연구소는 호매실 지구의 택지개발에 따른 구도심과 신도심의 문제점을 개선하는 마을만들기 단체이다. 구도심인 금호동을 중심으로 환경개선사업과 주민을 위한 다양한 프로그램을 운영했다. 매월 넷째 주 일요일에 추진하는 행사인 '봇물장터'는 구도심 지역의 상권을 활성화를 위해서 노력했다. 주민들의 다양한 교류를 통해서 소통과 활기찬 마을을 조성했다.

논 놀이터의 회원 모집은 우선 오프라인으로 전단지를 만들어서 홍보하였으며 SNS와 같은 온라인 회원 모집도 병행했다. 논 놀이터 체험을 신청한 회원은 총 27가족이었다. 한 가족당 평균 4명을 참석자로 잡으면 약 100여 명이다. 회원들의 구성은 유치원생 가족, 초등학생 가족, 중학생 가족, 고등학생 가족, 성인 등 다양하게 분포했으나 초등학생 가족이 많은 비중을 차지했다. 대부분 수원 지역의 회원이 많았으나 서울과 같은 타지역의 회원도 있었다. 신청한 회원 중에 50대 일반인도 있었는데 예전의 시골에서 작업했던 모내기가 그리워 신청하게 되었다며 프로그램 운영에 깊은 관심을 가졌다. 회원들은 벼를 재배하는 모습을 책이나 이야기로 들었지만 실제로 벼를 심고 직접 재배할 수 있다는 것에 많은 기대를 하였다.

회원 모집에 주의해야 할 사항이 몇 가지 있다. 먼저 야외에서 체험활동이다 보니 불의에 사고가 발생할 수 있으니 특별히 안전사고에 유의해야 한다. 만에 하나 발생할 수 있는 사고에 대비하기 위해서 보험에 가입할 것을 권장한다. 보험에 가입할 경우 참가비용의 책정이 다소 높아짐을 고려해야 한다. 들녘의 논에서 체험프로그램을 진행하니 힘들 경우에는 잠시 쉴 수 있는 그늘막과 같은 공간확보가 필요하다. 논 놀이터 체험프로그램이 1년 동안 진행됨으로 지속적인 참여와 활동을 유도한다. 논 놀이터의 운영활동을 명확하게 공지하여 회원들의 참여율을 높여야 한다. 논 놀이터 체험프로그램을 운영하다 보면 가끔 불만이 있는 회원이 발생할 수 있으니 회원들과 소통을 위해서 지속적인 교류와 효율적으로 운영해야 한다.

논 놀이터 회원들에게 공지사항이나 활동 후기를 공유할 수 있는 온라인 커뮤니티 공간을 만든다. 체험행사 1주일 전에는 사전에 행사 일정을 알림으로 참여를 독려한다. 물론 처음 논 놀이터 운영계획서를 기본으로 체험프로그램을 운영한다. 체험활동 후에는 체험 내용을 정리하고 제공하여 회원들의 댓글이나 느낌을 나눌 수 있는 소통의 장으로 발전한다. 회원들의 출결사항도 꼼꼼히 챙겨서 소속감을 갖도록 한다. 회원들이 관심을 가질 수 있도록 연락을 자주 하면 참석율이 높다. 논 놀이터 체험은 운영자 측과 회원들이 함께 만들어 가는 공동체 체험프로그램이다. 회원들의 참여가 활발해야 운영하는 사람들도 힘이 나고 열정적으로 프로그램을 운영할 수 있다.

"칠보 논 놀이터" 회원모집

"엄마, 아빠아~ 논에서 노~올~자~아 "

칠보 논 놀이터는 2003년부터 시작한 칠보산도토리교실의 '두꺼비논'을 확대하는데 의의를 둡니다. 다양한 논 생명들이 함께 살아가는 모습을 통해 생태를 이해합니다. 친환경 농사를 지으며 고단했을 농부의 심경과 수확의 기쁨을 간접 경험함으로써 논의 소중함을 배웁니다. 또한 자연마을 어르신들과 생활하며 마을공동체 회복에 기여하는 장소를 만들어 갑니다.

- **기 간 : 2014년 4월 ~ 2014년 12월 주말**
- **대 상 : 금호동거주 동민 누구나(가족 환영), 30가족**
- **참가비 : 연회비 1가족 60,000원**
- **장 소 : 자목마을 경로당 앞 논 400평**
- **내 용 : 모내기, 메뚜기잡기, 벼베기, 떡잔치 체험 프로그램 운영**

    QR코드를 통한 이력정보 제공(SNS병해, 벼화분 만들기, 수확후 쌀 나누기

- **신 청 : 논 놀이터 지기 010 - 0000 - 3478**

    칠보산마을연구소 031-0000-4321 / 010 - 0000 - 7470

- **주 최 : 칠보산마을연구소**
- **일 정**

회차	일 자	체 험 내 용
1	4/20(일) 15시	농부가 되어보세 "오리엔테이션"/못자리 만들기
2	5/24(토) 15시	아빠와 손모를 "모내기"/투모/벼분재
3	6/15(일) 15시	우리 논에 사는 아이들 "논 생태" /콩 심기 /원두막 짓기
4	7/13(일) 15시	찰나를 잡다 "벼 꽃", 김매기/우렁이 잡기
5	9/20(토) 10시	벼 파수꾼 "허수아비" 만들기
6	10/25(토) 10시	콩서리(구워먹기)
7	11/8(토) 10시	벼베기 / 타작 (드럼통, 홀테, 발로밟기 등)
8	12/6(토) 10시	내가 만든 꿀떡 "벼 도정" 체험(제빈정미소, 떡 만들기)
9	<이벤트1>	나도 농부다 "사진 뽐내기
10	<이벤트2>	개구리 소리를 들으며 "원두막에서 하룻밤" (회원: 1만원, 비회원: 2만원)
11	<이벤트3>	화분용 벼 재배관리 체험

* 일정 및 내용은 벼 생육일정에 따라 변경될 수 있음.

* 회원가족은 무료이며, 비회원 1회 참여시 가족당 1만원 체험비 부담

* 유아, 초등, 중고등 교육기관 및 단체 논 체험 진행합니다

〈그림〉논=놀이터 회원 모집 안내문 예시

"칠보 논 놀이터" 회원 신청서

회원번호 : 2014 -

신 청 자 (총____명)	이름(대표)		생년월일	년 월 일
	연 락 처	집) 031- - 핸) - -	e-메일	
	주 소			
	대표자외 참여가족수	1)____ (세), 2)____ (세), 3)____ (세), 4)____ (세)		
회원특전	◎ 칠보산마을연구소 "칠보 논 놀이터" 회원에 참여자 혜택 1. "칠보 논 놀이터"에서 추진하는 체험 프로그램에 무료로 참여 (회원가족은 누구나 무료이며, 이벤트 참여도 포함) 2. 벼 재배 수확 후 생산된 친환경 "칠보 논놀이터" 쌀 5kg 증정 3. 화분용 벼 육묘 재배용 1개 증정 4. 논 놀이터 체험 및 벼 생육과정을 온라인(SNS포함)을 통해 정보제공 5. 칠보산마을연구소에서 운영되는 논에 언제든지 방문 및 이용가능			
주의사항	◎ 회원은 1년 동안 진행되는 논 놀이터 체험에 적극적인 참여와 활동을 부 탁드립니다. ◎ 만에 하나, 체험중에 발생한 안전사고는 참가자에게 책임이 있습니다. ◎ 회비 환불은 "칠보 논 놀이터" 프로그램 시작이후에는 환불이 안됩니다.			
회 비	◎ 1구좌당 60,000원, 입금계좌번호 : 예금주 : 칠보산마을연구소 (※ 입금된 신정자를 우선으로 선정합니다.)			

위와 같이 칠보산마을연구소에서 운영하는 "칠보 논 놀이터"에 대한
위의 내용에 동의하며, 자연환경의 소중함과 더불어 만들어가는 논 놀이터
프로그램에 적극적이고 성실하게 참여하기 위해 신청합니다.

2014 년   월   일

신 청 인 :   서명

칠 보 산 마 을 연 구 소 귀 하

〈그림〉논=놀이터 회원 신청서 예시

우리나라는 농경사회로 서로 돕고 함께 생활하는 공동체가 발달했다. 마을 단위의 집단생활과 공동체 조직을 구성하여 운영한다. 마을 단위의 공동체 작업조직의 대표적인 것이 '두레'이다. 두레는 구성원에 따라 남자와 여자, 청년과 장년이 각각 다른 조직을 만들 수 있다. 두레의 구성원 수는 6~7명의 소규모 조직에서 마을 사람 전체가 참여하여 수백 명에 이르기도 한다. 두레를 이끄는 사람을 '행수'라 한다. 두레는 노동을 중요하게 생각하는 조직으로 양반이 중심으로 마을 일을 처리하는 '향약'과 차별화된다. 두레는 농번기나 기타 마을에서 필요로 할 때 마을 주민이 공동으로 작업을 한다. 주요 작업은 방죽 쌓기, 길 넓히기, 모내기, 벼베기, 풀베기, 지붕 갈기와 같은 개인의 일분만이 아니라 마을 전체의 일도 지원한다. 요즘은 산업의 발달과 도시 성장으로 공동작업 조직인 두레는 찾아보기 힘들다. 두레와 유사한 공동체 조직으로는 협동조합이 있다. 협동조합은 다양한 목적과 방법으로 만드는 공동체 조직이다.

두레와 다르게 '품앗이'는 일 대 일로 노동교환 방식이다. 내가 상대방에게 일(노동)을 해주면 돈이 아닌 상대방도 나에게 일(노동)로 갚는다. 바쁜 농사철이면 집집마다 돌아가면서 일을 한다. 집집마다 모내기와 벼베기를 품앗이로 돌아가면서 공동작업을 한다. 김장철이면 3~4집이 돌아가면서 김장을 해주는 것도 품앗이의 좋은 예이다. 공동작업은 시기와 계절과 관계없이 이루어지며 농번기 때는 순번을 정해 돌아가면서 농사일을 한다. 두레는 노동작업의 댓가를 돈으로 지불하지만 품앗이는 돈 대신에 사람이 직접 노동력을 제공해야 한다.

〈표〉 두레와 품앗이의 비교

	두레	품앗이
정의	마을 공동단위 노동조직	개인 간의 작업 지원
인력	6~50여 명	1대 1 개별 지원
작업 시기	농번기, 전통행사, 마을의 중요한 일	수시로, 농번기 등
작업 범위	마을일(농사일, 행사, 공동일), 개인	이웃 간 작업(농사일, 애경사)
규모	대규모, 소규모	소규모
댓가 지불	비용 지급	노동력 지원

오리엔테이션

일시	체험 내용	활동 참여자	준비물
4.20.	오리엔테이션, 둥벙 만들기	회원 전체/운영자	논=놀이터 설명자료 삽, 괭이, 현수막, 음료(간식)

'논=놀이터 설명회'

'칠보 논 놀이터' 운영계획에 대한 설명회를 신청한 회원들 대상으로 진행했다. 설명회는 칠보 자목마을 회관 앞에 있는 정자에서 진행했다. 참석한 회원들은 많지 않았으나 논 놀이터 운영에 대해 흥미와 기대감이 높았다. 논 놀이터를 기획한 취지와 운영목적을 설명했다. 벼 생육에 단계별 체험프로그램을 노동이 아닌 놀이 문화를 접목하여 진행한다. 회원들은 논 놀이터 체험을 통해서 자연스럽게 벼 생육 과정을 이해한다. 조금이나마 쌀을 생산하는 농업인의 노고를 느낄 수 있다. 회원들이 직접 논농사의 체험으로 농업의 소중함과 중요성을 인식한다. 논 놀이터 체험활동은 총 8회의 체험프로그램과 3회의 이벤트를 진행한다. 이벤트를 통해서 회원들의 생각과 참여를 함께 나눈다. 논 놀이터 설명회를 마치고 회원들과 함께 논을 둘러보는 시간을 가졌다.

〈그림〉 논 놀이터 운영 설명회 모습

둥벙(연못) 만들기

논 한쪽 귀퉁이에 삼각형 모양의 둥벙(연못)을 만들어 논의 생명체를 관찰할 수 있도록 했다. 회원들은 준비해 온 삽과 곡괭이로 땅을 파기 시작했다. 둥벙의 크기는 한 변이 5m이고 깊이는 60cm 정도였다. 둥벙 만들기는 남자 5명이 2시간 정도 땅 파는 작업을 했다. 오랜만에 삽질에 땀이 비 오듯이 흐르고 허리도 아프고 힘들어서 숨을 허덕였다. 둥벙 만들기는 어른들만 하는

〈그림〉 논 놀이터 둥벙 만들기 작업활동

〈그림〉 아이들도 논 놀이터 둥벙 만들기 참여

것이 아니었다. 아이들도 삽을 들고 열심히 땅을 팠다. 고생한 끝에 완성된 둥벙을 보면서 모두 흐뭇한 표정을 지었다. 둥벙 주위에는 창포를 심고 둥벙 안에는 미꾸라지와 우렁이를 넣을 예정이다. 앞으로 이곳에서 논의 생명체가 살아가는 보금자리가 될 것이다.

아버지들이 둥벙을 만드는 사이에 어머니들과 아이들은 논 놀이터에 설치할 현수막을 만들었다. 현수막에 유성펜을 사용하여 '칠보 논 놀이터' 문구와 풍년을 기원하면서 예쁜 나비도 정성스럽게 그려놓았다. '칠보 논 놀이터' 현수막은 벼농사를 재배하는 동안 논 놀이터를 지키고 있을 것이다. 회원 중에 한 분이 장어탕을 준비해 와서 작업을 마치고 새참으로 논두렁에서 맛있게 먹었다. 땀 흘린 뒤의 먹어서 그런지 몰라도 장어탕은 정말 맛있었다.

〈그림〉아이들의 논 놀이터 현수막 만들기

〈그림〉논두렁에서 맛있는 새참 먹기

〈그림〉칠보 논 놀이터 둥벙 만들기 후 기념사진

　지난 첫 모임인 논 놀이터 설명회에 회원들이 직접 만들었던 둥벙에 생명을 불어넣었다. 모내기 1주일 전에 논에 물을 대면서 둥벙에도 물대기를 하였다. 둥벙 주위에는 인근에서 구해 온 창포와 연근을 심어 놓았다. 둥벙 안에는 미꾸라지, 우렁이, 붕어와 같은 다양한 생명체를 넣어 길렀다. 둥벙은 논 놀이터에서 생명체의 근원이며 논 놀이터의 지킴이가 되기를 기대한다.

〈그림〉논 놀이터 둥벙에 생명의 물대기

〈그림〉논 놀이터 둥벙에 물댄 후에 창포와 연근 심기

〈그림〉 자리 잡은 논 놀이터 둠벙의 모습

'시농제'란 농사의 시작을 알리는 행사로 농사를 관장하는 농신에게 농사가 시작되었음을 알리고, 풍년을 기원하는 고사를 말한다.

시농제 고사를 지낼 때 상 차림은 밭에 파종할 다양한 씨앗과 시루떡을 올려놓고 농장주가 주관하여 농신에게 절을 하고 한해 농사의 풍년을 기원하며 발원문을 읽는다. 시농제의식에 맞춰서 옆에서 풍물패는 흥겨운 장단을 맞춘다. 시농제의식 행사를 마치면 풍물패와 시민들은 한바탕 흥겹게 춤을 추며 함께 어울린다. 풍물패의 공연이 끝나면 준비한 음식을 나누며 즐거운 시간을 보낸다.

요즘 농촌 마을에는 시농제가 사라졌다. 집약노동 중심의 관례농업에서 기술농업으로 발전하면서 농촌문화가 변했다. 농경사회의 전통적인 관습이나 공동체의식은 찾아보기 힘들다. 이제는 농사 관련 전통 행사는 도시농업인이 그 맥을 잇고 있다. 도시농업은 농산물의 생산보다는 새로운 가치인 전통농업, 토종씨앗 보전, 공동체 작업, 이웃과의 소통을 중요시한다. 도시농업을 중심으로 전통농업의 보존과 농업의 중요성을 지키려고 노력하고 있다.

〈그림〉 시농제에 앞서 흥겨운 풍물패 놀이

〈그림〉 시농제 상차림 준비

〈그림〉 풍물패의 사전 흥 돋우기

〈그림〉 시농제 발원문 낭독

〈그림〉 시농제 농신에게 절하기

〈그림〉 시농제 고사 후 음식나누기

제3장

봄

논농사 준비

일시	체험 내용	활동 참여자	준비물
3.20.	볍씨 소득, 밑거름주기	운영자	볍씨 종자, 소독 도구, 거름

볍씨 소독과 선별

모를 키우기 위해서 볍씨의 종자는 튼튼하고 병원균이 없는 종자를 사용해야 한다. 예전에는 볍씨 선별은 전통적으로는 소금물을 이용한 침전법으로 하였다. 볍씨 소독을 위해서 온탕에 넣어서 소독한다. 볍씨 종자도 자신의 논에서 수확된 볍씨 중에 일부를 사용한다. 집집마다 재배해 온 벼 품종이 있으며 농가마다 생산된 쌀에 따라 밥맛을 결정짓는다. 요즘은 농가에서 수확된 벼는 모두 농협이나 미곡처리장에 전량 판매한다. 농업인도 자신이 생산한 쌀을 자신이 먹지 못하고 마트에서 사서 먹는 경우가 많다. 요즘 벼농사는 자신 가족의 주식을 해결하기 위해서보다는 벼를 생산하여 소득을 올리는 것에 목적이 크다.

벼농사를 짓기 위해서는 농업기술센터에서 공급해주는 볍씨 종자나 벼 모종을 신청하여 재배한다. 논 놀이터에 심을 볍씨 종자를 선정해서 싹틔우기를 했다. 볍씨 종자는 경기도농업기술원의 종자보급소에서 받아 온 추청 벼이다. 볍씨는 소독을 위해서 약품처리가 빨갛게 되어 있었다. 볍씨 소독을 하지 않으면 키다리병, 깜부기병에 걸리기 쉬우므로 반드시 해야 한다. 논 놀이터에서는 전통 방식으로 벼 모종을 키우기로 했다. 못자리를 만들어 벼 모종을 길러서 모내기를 할 것이다. 논 놀이터의 모종을 키우기 위해서 볍씨 선별은 논 주인댁에서 이른 아침에 진행했다. 종자로 받아 온 볍씨를 물에 넣으면 쭉정이나 실하지 못한 볍씨는 물 위로 뜨는데 채로 걷어내어 튼튼한 종자를 선별한다. 볍씨 종자는 소독 및 발아를 위해서 볍씨는 7일 동안 물에 담가둔다. 처음 3일 동안은 물을 갈아주지 않고 그대로 유지하여 볍씨를 소독한다. 볍씨 소독 3일이 지난 후부터는 물을 하루에 한두 번씩 갈아줘서 볍씨의 싹이 잘 나올 수 있도록 한다.

일 년의 벼농사 재배를 위해서 볍씨 종자부터 엄선하여 선별하고 지배관리한다.

〈그림〉 소독약품 처리된 볍씨 종자 모습

〈그림〉 쭉정이 벼를 분리하여 우량벼 종자 선별

〈그림〉 볍씨 선별 완료 후 3일간 침전 소독

논에 거름주기

논 놀이터에 벼 재배는 친환경 재배 방식으로 한다. 농약이나 화학비료를
전혀 사용하지 않고 재배한다. 친환경 재배 방식으로 벼를 재배한다는 소리
에 논 주인님이 밑거름을 듬뿍 넣어 주었다. 화성에서 구해 온 쇠똥을 논에
뿌려주었고 그것으로 부족하다고 생각해서 친환경 농자재인 펠릿을 2포나
구입해서 뿌렸다. 밑거름 작업은 주말에 함께 하자고 약속을 하였으나 부지
런하신 논 주인님께서 혼자 모두 해 놓으셨다. 도시농업인의 주말 작업을 기
다릴 수 없으셨나 보다. 논 주위에도 로타리와 배수로를 만들어 놓았다. 농
업인은 항상 1년 농사를 위해서 이른 봄부터 분주하게 움직인다. 논 놀이터

의 논에 심을 벼 종자의 준비와 논은 어느 정도 준비가 되었다. 이젠 논에 물만 받고 벼 모종을 심으면 된다.

〈그림〉 논에 뿌려놓은 밑거름의 모습

〈그림〉 논 주변에 설치한 배수구 모습

벼의 분류는 생태적 특성, 재배 조건, 형태, 생육기간, 구성 성분에 따라 다양하게 분류한다. 벼의 생태적 특성에 의한 분류는 온대자포니카(temperate Japonica), 인디카(Indica), 열대자포니카(tropical Japonica)로 구분된다. 재배 조건에 따라 논벼(수도, paddy rice) 또는 밭벼(육도, upland rice)로 불린다. 벼의 형태인 키의 정도에 따라 대도(tall rice), 중도(medium rice), 소도(short rice)로 구분하고, 벼알의 길이에 따라서는 협립도(slender grained rice), 장립도(long grained rice), 단립도(short grained rice)라 하고, 종실의 크기에 따라서는 대립도(large grained rice), 중립도(medium grained rice), 소립도(small grained rice)로 구분한다. 종실에 붙은 까락의 유무에 따라서 유망도(awned rice)와 무망도(awnless rice)로 나누기도 한다. 생육 기간에 따라서는 조생종(early rice), 중생종(medium rice), 만생종(late rice)으로 구분하며, 벼의 구성 성분에 따라서는 찰벼(glutinous rice)와 메벼(non-glutinous rice)로 분류된다. 쌀의 과피 색깔에 따라서는 백색미종(common colored rice)과 유색미종(specially colored rice)으로 나누고 유색미종은 흑미(black rice)와 적미(red rice), 녹색미(Green rice)로 구분된다.

특히, 1971년에 '인디카'와 '자포니카'를 품종 교배하여 개발된 통일벼(Tongil rice)는 '기적의 볍씨'로 불리며, 생산량이 30%가 높았으며, 우리나라의 쌀 자급율에 획기적인 성과를 이루었다. 이후에도 소비자들의 요구에 따라 다양한 가능성 품종을 개발하고 있다. 개발된 신품종 이름은 벼의 특징과 적절한 의미를 부여한다.

우리나라의 벼 종자 보급체계는 농진청의 국립작물과학원에서 벼 기본식물이 육성되면 각도 농업기술원에서 원원종을 생산하고, 각도 원종장에서 원종을 생산하여 국립종자원에서 최종적으로 농가에 공급되는 보급종을 생산하여 공급한다.

〈표〉 벼의 신품종 이름 정하기

이름 짓는 방법	대표적인 품종
품종이 육성된 지역 반영	남선13호, 수원82호, 밀양23호 등
산과 강 이름을 붙임	오대벼, 소백벼, 동진벼, 금강벼 등
국가에서 중점추진 정책 반영	통일벼, 유신벼, 진흥벼 등
신품종 육종가의 이름 반영	내풍, 노풍 등
벼품종 육종 방법에 따라 반영 ◆ 병충해나 재해에 강한 신품종 ◆ 쌀품질 및 밥맛이 양호한 신품종 ◆ 꽃가루 배양법에 따른 신품종	◆ 청정벼, 삼강벼, 상품벼, 대안벼 등 ◆ 수정벼, 청명벼, 진미벼, 일품벼 등 ◆ 화성벼, 화청벼, 화남벼 등

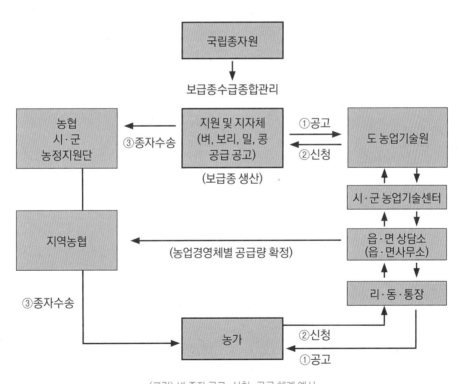

〈그림〉 벼 종자 공고·신청·공급 체계 예시

※출처: 보급종 신청 및 공급요령(국립종자원 예규 제154호, 2018.11.13)

〈표〉 우리나라 벼 품종의 변천

	내용	품종
재래종시대 (1910년 이전)	재래종 100% 재배 기간	다다조, 맥조, 노인조, 조동지
재래종 교체시대 (1910~1920)	일본으로부터 도입된 품종이 급증 (57%)	조선력, 곡량도
도입종시대 (1920~1935)	일본 도입종이 주류를 이룸(80%)	곡량도, 다마금, 은방주
국내 육성종 보급시대 (1935~1945)	1914년 처음 시작된 인공교배의 결과 1933년에 보급됨. 이후 우리나라 육성종이 등장한 시기	남선13호, 풍옥 등
국내 육성종 및 도입종 병용시대(1946~1970)	국내 육성종과 도입종이 거의 같이 재배하는 시기	육성종: 팔달, 팔굉 도입종: 은방주, 농림6호
통일형 품종시대 (1971~1980)	단간수중형 초형으로 다비성이고 내병충성이어서 수량이 높은 통일형 품종 장려	통일, 유신, 밀양21호
통일형 품종 쇠퇴시대 (1981~1990)	경재발전에 따른 양질미의 선호로 통일형 재배면적 줄어듦	통일형: 밀양23호, 밀양21호, 밀양30호 신품종: 낙동벼, 추청벼
양질, 다용도 품종시대 (1991~2000)	양질미 보급이 크게 증가 다용도미가 개발 보급	오대벼, 진부벼, 진미벼, 일품벼, 화성벼, 동진벼, 추청벼, 향미, 오봉벼
고품질, 기능성 품종시대(2000부터)	고품질 정책으로 다수확보다 고품질 및 특수미 품종 보급 확대	상미벼, 오대벼, 수라벼, 화영벼, 추청벼, 흑진주벼, 흑향, 고아미 1호, 고아미 2호

*출처 : 쌀 생산과학(2005, 향문사) 내용 재구성

〈표〉 우리나라 주요 18가지 벼품종 소개

	육종 년도	내용	품종
1	1971	통일(수원213호)	키가 작아 넘어지지 않고 수량성이 높은 품종
2	1994	양조(이리402호)	양조용으로 병해에 강함
3	1999	향미2호(수원413호)	가공용으로 향미가 풍부하고 각종 병해에 강함
4	1999	신동진(익산438호)	수량이 많고 양질이며, 병해(도열병, 백엽고, 문고병)에 강함
5	2001	영안(밀양164호)	필수 아미노산인 라이산 함량(4.31%)이 높아 어린이 성장에 도움을 줌
6	2001	설갱(수원461호)	발효적성이 우수하여 술을 만드는 데 알맞음
7	2002	고아미2호(수원464호)	가공식품(후레이크)용 품종
8	2004	흑진주(수원415호)	향산화 기능이 있는 건강식품용 품종, 국내에서 최초로 육성된 흑자색 유색미
9	2009	보람찬(익산514호)	일반계 품종으로 수확량이 많고, 과자용으로 적합
10	2009	고아미4호(수원517호)	철분 및 아연 함유량이 높은 기능성 및 가공용 품종
11	2010	한아름2호(밀양240호)	통일형 품종으로 수확량이 많고 각종 병해에 강함
12	2011	건양미(수원533호)	글루테린 성분이 적어 당뇨병 및 신장병에 환자 식용으로 적합
13	2012	눈큰흑찰(밀양263호)	지용성 활성 성분인 감마오리자놀과 토코페롤을 함유하며, 대사증후군 예방에 도움
14	2012	미면(밀양260호)	제면, 제빵 등 가공용에 적합
15	2013	해품(익산537호)	밥맛이 좋은 품종, 흰잎마름병과 줄무늬잎마름병에 강함
16	2014	해담쌀(밀양275호)	밥맛이 좋고 수확이 빠른 밥쌀용 품종
17	2015	영우(수원573호)	사료 수량이 높고 병해충에 강한 사료용 품종
18	2016	한가루(수원594호)	쌀알이 크고 가루가 잘 만들어지는 쌀가루용 품종

*출처 : 농촌진흥청 농업과학관(전시)

모판 만들기

일시	체험 내용	활동 참여자	준비물
4.19.	모판 만들기	운영자	싹틔운 볍씨, 모판, 상토, 포트, 물조리, 비닐

 3월 말에 볍씨 종자를 싹틔운 것을 모판에 뿌려 못자리 준비를 한다. 모판 만들기는 이른 아침 8시부터 자목마을 경로당 앞에서 시작했다. 일반적으로 200평(660㎡)에 15개의 모판이 필요하다. 논 놀이터의 면적이 400평이라서 30개 모판이 필요하나 여유로 5개를 더 준비했다. 모를 던져서 심는 투모를 위해서 별도로 25개 모판과 논 주인님의 모판 70개까지 모두 130여 개의 모판을 만들었다. 아침 일찍부터 칠보산마을연구소에 담당자인 맞장구, 달님, 논 주인님이 같이 모판작업을 했다. 논 주인님의 생생한 농사경험과 전문

지식으로 많은 것을 배우며 모판 준비를 철저하게 했다. 모든 작업은 수작업으로 진행하였다. 과학이 발달하고 인공지능 로봇이 개발되어도 아직은 섬세한 농작업은 사람의 수작업을 필요로 한다.

모판 만드는 방법은 먼저 모판에 흙을 적당하게 채운 뒤 그 위에 물을 충분히 준 다음에 싹틔운 볍씨를 뿌리고 흙을 덮어주면 된다. 완성된 모판은 한쪽에 층층이 쌓아서 비닐로 덮어 2~3일 정도 싹을 더 틔운 뒤에 논에 준비된 못자리에 넣는다. 볍씨 싹틔우기부터 모판 준비까지 전통적인 방법으로 진행하여 의미를 갖는다.

논 놀이터에서는 모내기 때 아이들을 위해서 투모를 준비했다. 투모는 말 그대로 모를 던져서 심는 것이다. 모를 손으로 직접 심는 방법이 가장 안정적인 모내기 방법이다. 하지만 아이들에게 재미를 더해 주기 위해서 논 가운데 과녁을 만들고 모를 던지는 게임을 한다. 아무렇게 던져진 모는 나중에 잘 심어 주면 된다.

논 놀이터의 모내기는 고된 노동이기보다는 즐거운 놀이체험으로 접근한다. 쌀을 얻기 위해서 조그만한 모종을 논에 심고 가꾸며 조금이나마 논농사의 경험을 한다. 농업의 소중함을 인식할 수 있으면 더욱 좋겠다.

〈그림〉 싹을 틔워 준비된 볍씨 모습

〈그림〉 모판에 흙을 채운 뒤 물주기

〈그림〉 모판에 골고루 뿌려진 볍씨 모습

〈그림〉 투모를 위한 모판 만들기

〈그림〉볍씨가 뿌려진 모판에 흙덮기 대기 중인 모습

〈그림〉볍씨가 뿌려진 모판에 흙덮기 모습

〈그림〉 모판 작업 후 쌓아 놓은 모판 모습

〈그림〉 모판을 비닐로 덮어서 마무리

벼를 재배하기 위해서는 씨를 뿌려야 한다. 볍씨는 싹이 나서 3~4엽이 될 때까지 씨앗에 저장된 양분으로 생장하기 때문에 될수록 충실한 종자를 선별하여야 한다. 전통적으로 충실한 볍씨를 선별하기 위해서 소금의 비중을 이용한 염수선법을 사용한다. 물론 염수선법은 염도계를 사용할 때는 비중 1.13이 적당하다. 염도계를 사용하지 않고 소금물의 비중을 측정하는 방법으로는 계란의 뜨는 정도를 이용한다. 준비된 소금물에 계란을 넣었을 때 떠오르는 정도가 동전 500원짜리의 크기로 떠오르면 적당하다.

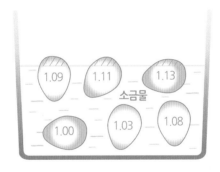

〈그림〉 계란을 이용한 소금물 비중 비교

소금물에 볍씨를 넣고 떠오르는 볍씨는 충실하지 않은 씨앗으로 뜰채로 건져낸다. 대체로 일반벼는 비중이 1.13 적당하고, 찰벼는 비중이 1.04이다. 소금물에 선별한 볍씨는 5분 이내로 건져내어서 바로 물로 씻어서 소금기를 없애 줘야 한다. 소금물에 너무 오래 담궈 두면 볍씨의 발아가 어려워진다.

소금물 볍씨 선별을 할 때 주요 준비물은 볍씨, 소금, 달걀, 큰통, 볍씨 거름망, 뜰채와 같은 것이 필요하다.

선별된 볍씨는 친환경 재배 방법으로 병해를 줄이기 위해서 온탕 소독을 한다. 대부분 병원균과 해충은 60℃의 온탕에서 1분 이상 노출되면 죽는다. 볍씨의 온탕 소독으로 키다리병, 깜부기병, 도열병, 깨씨무늬병, 벼잎선충과 같은 병충해를 사전에 예방할 수 있다.

볍씨 온탕 소독법은 물의 온도가 60℃~65℃ 뜨거운 물에 7분에서 10분간 담가서 소독한다. 뜨거운 물에 담글 때는 10kg 양파망을 이용하면 수월하다. 양파망에 5kg 정도의 절반만 채워서 담그는 것이 좋다. 뜨거운 물에 볍씨가 들어갈 때 온도가 내려가지 않도록 뜨거운 물을 보충해준다. 온탕 소독은 너무 뜨거운 온도로 하지 않고 담가두는 시간을 정확하게 조절해야 한다.

친환경 재배가 아닌 일반 재배 방법에서는 등록된 약제를 사용하여 적정량을 희석하여 20리터당 10kg을 30℃의 온도로 48시간 소독한다.

〈그림〉 볍씨 온탕 소독 사진 예시

③

못자리 만들기

일시	체험 내용	활동 참여자	준비물
4.22.	못자리 만들기	운영자	모판, 부직포, 삽, 장화

　지난번에 모판에 볍씨를 뿌려서 싹틔우기를 해놓았던 모판을 논에 넣어 못자리를 만들었다. 볍씨가 어느 정도 싹이 나기 시작하면 못자리를 만들어 벼 모종을 키운다. 못자리 만드는 작업은 이른 새벽 6시부터 시작했다 우선 모판을 넣을 곳에 땅을 고르는 작업을 해야 한다. 모판이 물에 잠기지 않도록 모판을 놓을 곳에 두둑을 만든다. 두둑 위에 모판을 가지런하게 정렬하여 놓는다. 나중에 모가 자라면서 뿌리를 내리면 모판을 떼어내기 힘들다. 모판을 놓을 자리 밑에 비닐이 깔거나 모판 밑바닥 구멍이 작은 것을 사용한다. 이번에 사용한 모판은 밑바닥이 구멍이 작은 것을 사용했다. 투모용의

모판은 구멍이 커서 밑에 비닐을 깔고 모판을 놓았다.

모판을 일렬로 논에 넣은 다음에 보온과 햇빛 차단을 위해서 부직포를 덮어준다. 모판에 수분이 충분히 공급될 수 있도록 물을 적당하게 고랑에 공급해준다. 물이 너무 많아 모판이 잠기면 씨앗이 썩기 때문에 물이 잠기지 않도록 적당하게 물을 대어 주는 것이 무엇보다 중요하다. 모판은 못자리에서 20~25일 동안 자라면 본 논에 옮겨 심는 모내기를 한다. 보통 모내기는 5월 하순에 진행한다.

옛날에는 모판을 사용하지 않을 때는 못자리에 싹을 틔운 볍씨를 뿌린 다음 비닐로 멀칭을 하였다. 비닐을 덮어 놓으면 한낮에는 온도가 올라가기 때문에 못자리의 비닐을 걷어 주고 밤에는 다시 내려줘서 온도를 조절해준다. 모가 어느 정도 자라면 본 논에 옮겨심기 위해서 모를 손으로 뽑아서 적당한 크기로 묶은 것을 모춤이라 한다. 모춤은 본 논에 옮겨심기 위해서 적당한 위치에 놓아서 모내기가 수월하게 진행된다. 벼농사는 점점 진화하고 있다. 요즘은 못자리를 집에서 만드는 농가가 많지 않다. 논에 심을 모판을 농협이나 육모장에 신청하면 모내기할 때 논으로 배달해 준다. 손 모내기 대신에 이앙기를 이용하여 쉽게 모내기를 할 수 있다.

농가에서는 번거롭게 볍씨를 싹틔우고 못자리를 만들어 모를 기르지 않아도 된다. 모내기에 적당하게 자란 모단을 이앙기로 모내기를 하면 수월하게 작업을 할 수 있다. 작업시간도 길지 않고 노동력도 많이 필요하지 않는다. 시대에 따라서 논농사도 쉽고 편리하게 발전한다.

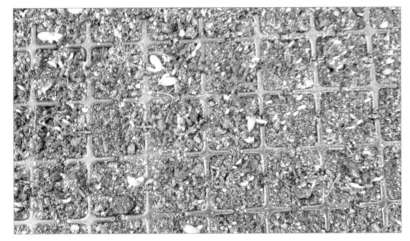
〈그림〉 싹이 나기 시작한 볍씨 모판

〈그림〉 못자리에 못판 넣기

〈그림〉 못자리에 부직포 덮기

〈그림〉 부직포 흙으로 고정하기

〈그림〉 완성된 못자리 모습

벼를 재배하다 보면 가장 골칫거리가 잡초이다. 잡초는 재배하는 작물 이외의 식물이다. 물론 잡초 중에는 다양한 성분이 있어서 기능성 식품으로 각광 받은 적도 있었다. 벼농사에서 대표적인 잡초가 피이다. 피는 벼와 유사하게 생겼으며 어린 식물일 때는 구별하기 힘들다. 피는 벼보다 꽃이 일찍 피고 열매가 영글어 씨앗이 벼보다 먼저 떨어진다. 한발 앞서서 나가는 것이 종족을 번식하고 생명력을 유지하는 비결이다. 피는 벼와 함께 자라면서 벼가 섭취할 영양분을 빼앗아 먹기 때문에 뽑아줘야 한다.

피를 제거하는 방법은 씨앗 선별부터 시작하지만 못자리에서도 피를 뽑아준다. 모내기를 한 이후에도 피와 잡초는 지속적으로 제거해야 한다. 피와 벼를 구별하기 쉽지 않은 초보 농사꾼은 이삭이 나올 때 씨앗이 땅에 떨어지기 전에 낫으로 이삭만 잘라주기도 한다. 피의 이삭을 제거해주지 않으면 씨앗이 땅에 떨어져 다음 해에는 더 많은 피가 나서 자란다.

사실 지금은 논이나 밭에서 자라는 피를 뽑아 없애려고 하지만 구황작물로 피를 재배하던 시절이 있었다. 가끔 사람이 기운이 없으면 "너는 피죽도 못 먹었냐" 하면서 핀잔을 주는 경우가 있다. 피는 먹을 것이 없던 시절의 양식과 가축의 사료로도 많이 재배해 왔다. 피는 예전부터 중국, 인도, 일본, 우리나라에서 재배되어 식용으로 이용했다. 우리나라 고대 농서에 오곡 중에 피는 포함되었으나 벼는 오곡에 포함되지 않았다. 피를 재배할 경우 탈립성이 강하므로 80% 성숙기에 수확해야 한다. 완전히 익은 뒤에 수확하면 씨앗이 땅에 떨어지기 때문이다. 피의 주성분은 당분이며 단백질과 지질의 함량이 쌀보다 많다. 연구에 따르면 피는 영양분이 풍부할 뿐만 아니라 항암, 미백작용, 항산화 작용이 뛰어나다.

벼는 잘 관리해야 하는 작물이지만 피는 뽑아도 뽑아도 살아남는 생존력이 강한 식물이다. 피는 광합성 방식이 효율적이라 성장 속도가 벼보다 빠르다. 예전처럼 구황작물로 재배되지 않고 관심도 받지 못하고 있지만 여전히 야생에서 살아서 종족을 번식하고 있다.

〈그림〉 논 주위에 피 이삭 모습

〈그림〉 무성하게 자란 피의 모습

〈그림〉 어린 피와 잡초의 모습

4

못자리 관리하기

일시	체험 내용	활동 참여자	준비물
5. 2.	못자리 관리하기	운영자	장화, 삽

    못자리에 모판을 넣은 후에는 물관리를 잘 해줘야 한다. 물이 없으면 모가 정상적으로 자라지 못한다. 보온을 위해서 덮어놓은 부직포의 관리도 필요하다. 한낮의 경우에는 너무 덥기 때문에 부직포가 아닌 비닐일 때는 비닐터널 양쪽 끝을 열어줘서 온도 조절을 해줘야 한다. 부직포는 아침저녁으로 쌀쌀하기 때문에 적당한 온도가 되기까지는 그대로 덮어두는 것이 좋다. 못자리 만든 후 10일 정도 되었을 때 부직포가 약간 부풀어 있다. 부직포를 살며시 열어보니 벼 모종이 7~8cm 정도 자랐다. 못자리 만든 후 20일이 넘으면 부직포를 걷어 주어 외부 기상에 어린 묘가 적응할 수 있도

록 하며 모내기 준비를 한다.

　묘가 어느 정도 자라면 비정상적인 묘를 선별하여 제거해줘야 한다. 대표적인 것이 키다리병이다. 키다리병은 감염된 종자에 의해서 주로 발생한다. 키다리병에 걸린 묘는 정상적인 묘보다 줄기나 잎이 비정상적으로 웃자람 현상이 나타난다. 못자리 관리를 할 때 키다리병에 걸린 묘는 보는 즉시 제거해야 한다. 키다리병에 걸린 벼는 이삭이 작다. 〈그림〉은 정상적인 묘와 키다리병에 걸린 묘를 비교하여 나타낸 그림이다.

정상묘　　　　　　　키다리병묘

〈그림〉 정상묘와 키다리병묘의 비교

〈그림〉 못자리 부직포의 부풀어 있는 모습

〈그림〉 못자리 만든 지 10일 후의 벼 모종이 자란 모습

〈그림〉 못자리 20일 전후의 잘 자란 벼 모종 모습

〈그림〉 못자리 부직포의 제거 후의 모습

미강발효 거름만들기

벼농사의 친환경재배는 농약이나 화학비료를 사용하지 않는다. 친환경 벼농사를 위해서 특별히 미강을 발효시켜 거름을 만든다. 화학비료를 사용하지 않은 논에 실지렁이의 배설물을 이용하여 토양을 비옥하게 만든다. 실지렁이의 개체수를 늘려주기 위해서 발효된 미강(쌀겨)을 뿌려줘서 실지렁이에게 영양분을 공급한다. 미강발효 방법은 미강, 흙, 미생물, 균배양제를 잘 섞어서 발효하여 거름을 만든다. 혼합비율은 미강(1):흙(1):물(60%):유용미생물:균배양제를 혼합하여 7일간 발효하여 논에 뿌려준다. 발효된 미강을 논에 뿌릴 때는 600kg/1500평에 골고루 적당량을 뿌려준다.

〈그림〉 미강 발효 준비

〈그림〉 미강, 흙, 물, 배양제 등 혼합하기

〈그림〉 미강 혼합 완료

〈그림〉 보온덮개 후 모습

〈그림〉 발효된 미강 거름

〈그림〉 발효된 미강을 논에 뿌리기

여름

1

모내기 준비

일시	체험 내용	활동 참여자	준비물
5.13.	모내기 준비	운영자	그늘망, 모판, 폴대, 미꾸라지, 장화

　지난 4월 말에 만들었던 못자리에도 많은 변화가 생겼다. 모판 위에 덮었던 부직포도 걷었고 잘 자란 벼 모종은 외부 도움 없이 자생하고 있다. 벼 모는 어느 정도 자랐기에 논에 모내기를 준비한다. 모내기할 논에는 써레질을 해서 흙을 고르게 만들어준다. 써레질 이후에는 물을 담아두어 잡초의 발생을 억제한다. 이앙기를 이용해서 모내기를 하려면 모판을 이앙기 위에 실어서 기계로 모내기를 한다. 논 놀이터에서는 손 모내기를 위해서 논의 적당한 위치에 모판을 옮겨 놓아야 한다. 너무 배게 놓으면 모내기할 때 다시 뒤로 빼줘

야 하는 불편함이 있으니 적당한 위치에 모판을 배열한다. 모내기는 옛날 방식으로 못 줄을 띠어서 회원들이 일렬로 서서 손 모내기를 할 것이다.

논 주위에는 물이 논에서 빠져나가지 않도록 논두렁 주위를 흙으로 잘 발라 준다. 논두렁의 풀이 너무 크면 뱀이나 해충의 위험이 있으니 풀을 깨끗하게 베야 한다. 들녘의 논에는 그늘이 없다. 뜨거운 햇빛을 피할 수 있는 쉼터가 필요하다. 모내기 체험자를 위해서 그늘막을 설치하여 힘들 때 쉴 수 있도록 한다. 그늘막은 바람에 넘어가지 않도록 단단하게 고정하여 설치한다. 논에 들어갈 때 장화를 신으면 좋은데 장화가 없는 경우에는 맨발로 논에 들어간다. 논에 자갈이나 날카로운 물건이 있으면 안전사고 위험이 있으니 눈에 보이면 주워서 논 밖으로 버려서 체험자가 다치지 않도록 한다.

모내기 날 행사 프로그램에 대해서도 점검을 한다. 모내기를 위해서 어른들 모내기와 아이들의 모내기 프로그램을 준비한다. 특별하게 아이들의 모내기에서는 투모를 위해서 논 가운데 과녁을 설치하여 아이들에게 특별한 체험과 재미를 더해준다. 도시의 아이들은 논에 들어가는 것이 처음이니 논에서 할 수 있는 프로그램을 꼼꼼하게 준비해야 한다.

칠보산마을연구소에서는 모내기하는 날에 풍물패의 길놀이와 풍년을 기원하는 고사를 지내기로 했다. 풍물패는 예전의 농악으로 농사일을 하면서 힘들 때 흥을 돋우기 위해서 즐겼던 전통 민속 음악이다. 풍물패는 칠보산마을연구소에서 주민들을 대상으로 무료로 풍물강습을 운영한다. 요즘 모내기에서는 보기 힘든 풍물패와 함께 모내는 모습이 기대된다.

〈그림〉 써레질 후의 논의 모습

〈그림〉 모내기 논에 옮겨진 모판

〈그림〉 손 모내기를 위한 모판을 적당하게 배치해 놓은 모습

〈그림〉 투모를 위해서 과녁을 논에 설치한 모습

〈그림〉논두렁에 설치한 그늘막의 모습

〈그림〉논두렁 그늘막 주변 정리

〈그림〉 모내기 날 둥벙에서 미꾸라지 잡기 체험을 위한 준비

지식14 직파재배 방법

일반적으로 벼를 재배하는 방법은 볍씨 선별→육묘→모내기→재배 관리→벼베기→도정(쌀) 순이다. 쌀 생산에서 노동력 절감과 생산비를 줄이는 방법으로 직파재배를 한다. 직파재배는 일반적인 벼 재배 방법에서 육묘와 모내기 과정을 생략하여 투입노동력과 농자재 사용을 줄인다. 육묘와 모내기가 생략됨으로 못자리를 만들 필요가 없으며, 모내기를 위해서 이양기를 사용하지 않아 투입생산비를 절감할 수 있다. 우리나라의 직파재배(直播栽培, Direct Seeding Culture)는 농업경쟁력을 높이기 위해서 1990년부터 연구되었다. 직파재배 방법에는 건답직파(乾畓直播, Direct Seeding on dry paddy)와 담수직파(湛水直播, Direct seeding on flooded paddy)로 분류된다. 건답직파는 건답 상태에서 작업이 가능하여 기계작업 효율이 높고 뜬 모가 없는 장점이 있으나 발아율이 낮다. 담수직파는 잡초 발생이 적으나 뜬 모가 많으며 결실기에 쓰러지기 쉽다. 벼 재배 기간의 작업 관리를 위해서 고랑을 만들어 씨를 뿌린다. 씨를 뿌릴 때는 적정량과 너무 배게 파종하지 않도록 주의를 해야 한다. 요즘은 직파재배를 위해 씨앗 파종기계가 별도로 있다.

〈표〉벼의 건답직파와 담수직파 재배의 비교

	건답직파	담수직파
파종 방법	건답조파, 요철골직파, 부분 경운직파	담수표면산파, 담수토중직파, 담수골표면산파, 담수골직파
장점	• 건답 상태에서 경운, 파종하여 기계 작업 효율성 높음 • 뜸모가 없고 도복발생이 감소	• 비가 올 때도 파종이 가능하며 건답 직파보다 잡초발생이 적다 • 논의 배수관리 수월
단점	• 비가 올 때 파종이 어렵고 발아도 불량 • 출아 일수(10~15일)가 담수직파(5~7일)보다 길다 • 물이 없으므로 논의 평평하게 정지가 어려움 • 경운시 쇄토 노력이 많이 든다 • 담수직파보다 잡초 발생이 많다 • 새의 피해가 있다	• 물 속에서 발아함으로 산소가 부족하여 발근 및 착근이 불량함 • 뜸모 발생하기 쉽다 • 벼 종자가 깊게 심어지지 못해 결실기에 도복되기 쉽다
수량	관행 기계이양재배의 7% 감소	관행 기계이양재배와 대등함
생산비 절감	기계이양재배 대비 8.4% 절감	기계이양재배 대비 9.5% 절감
노력시간 절감	기계이양재배 대비 30% 절감	기계이양재배 대비 26% 절감
문제점	• 출아율이 낮아 입모를 확보하기 곤란하여 이삭수가 감소하기 쉽다 • 결실기에 도복(쓰러짐)이 증가한다 • 잡초발생이 증가한다(담수재배는 2배, 건답재배는 3배)	

*출처 : 쌀 생산과학(2005, 향문사)의 벼의 직파재배 내용 재구성

② 손 모내기

일시	체험 내용	활동 참여자	준비물
5.24.	손 모내기, 투모, 논 썰매타기, 미꾸라지 잡기	회원 전체, 운영자	못줄, 미꾸라지, 장화, 간식, 썰매, 그늘막

드디어 논 놀이터에 손 모내기하는 날이다. 아침 일찍부터 분주하게 이것저것을 챙겨서 칠보산 논 놀이터로 갔다. 벌써 몇 명의 논 놀이터 회원들이 나와서 논두렁에 앉아 있다. 칠보마을 풍물패는 자목마을 경로당 앞 정자에서 길놀이 준비를 한다. 논 놀이터 행사는 9시 30분 풍물패의 길놀이를 시작으로 고사 지내기, 투모, 둥벙에 미꾸라지 입식, 논 썰매타기, 손 모내기 순으로 진행한다.

칠보산 풍물패가 꽹과리, 장구 북, 징을 앞세워 논두렁으로 이동하며 흥겹게 풍악을 울린다. 들녘에는 풍물패의 등장으로 논 놀이터 회원들이 덩달아

〈그림〉 풍물패의 길놀이로 모내기 행사 시작

〈그림〉 1년 풍년 농사를 기원하는 고사 지내기

흥이 나서 어깨를 들썩이며 즐거워한다. 풍물패가 논 놀이터에 도착하여 논두렁에서 한바탕 신나게 장단을 맞춰 흥을 돋구었다. 준비해 온 떡과 술 명태포를 둥벙 앞에 차려놓고 풍년고사를 지낸다. 농신에게 1년 동안 아무 사고 없이 논 놀이터가 잘되길 바라며 풍년 농사를 기원한다. 고사가 끝나고 떡과 음식을 나눠 먹고 본격적인 논 놀이터 체험프로그램을 시작한다.

먼저 자작나무 선생님의 지도로 하천학교 학생들은 선생님과 함께 논에 들어가서 천천히 맨발로 걷기를 한다. 논에서 맨발로 걸을 때 발가락 사이로 빠져나오는 진흙의 촉감은 정말 좋다. 아이들은 옷이 버릴 것을 염려하여 조심조심 앞에 친구의 손을 잡고 물이 있는 논을 걸어다닌다. 맨발로 논 걷

〈그림〉 아이들의 논에서 걸어다니기 체험

〈그림〉 모를 던져서 심는 투모 놀이

〈그림〉 둥벙에 미꾸라지 넣어주기

기가 끝난 다음에는 모를 과녁에 던지는 투모 놀이를 한다. 모를 심는 방법은 아니지만 놀이 문화로 목표지점을 정해놓고 과녁을 향해서 모를 던져서 가까이 들어가도록 한다. 투모로 던져진 모들은 나중에 제자리를 잡도록 정리를 해준다. 투모 던지기를 마친 후 둠벙으로 자리를 이동하여 미꾸라지 넣어주기와 다시 미꾸라지 잡기를 했다. 아이들에게 각자 한 마리씩 미꾸라지를 나눠준 다음 둠벙에 풀어준다. 조금전에 둠벙에 풀어준 미꾸라지를 다시 잡는 놀이다. 작은 둠벙에서 아이들은 모두 물속으로 손을 넣고 미꾸라지를 잡기 위해 안간힘을 쏟는다. 둠벙의 흙탕물 속에서 미꾸라지를 잡기는 쉽지가 않다. 설령 잡았다고 하여도 다시 살려주면서 미꾸라지 잡기 놀이를 마

〈그림〉 둠벙에서 미꾸라지 잡기 놀이

무리한다.

논 놀이터 이벤트로 논에서 썰매타기를 했다. 각자 집에서 준비해 온 썰매에 아이를 앉히고 앞에서 아빠가 썰매 줄을 당겨 논썰매를 탄다. 썰매는 눈에서만 탄다고 생각하는 고정관념을 버리고 논에서도 신나게 썰매를 탄다. 썰매타기 놀이에 옷과 얼굴은 흙탕물에 뒤집어써서 모두 젖었다. 그래도 아이들은 신나서 함성을 지르며 계속 논 썰매타기를 재촉한다. 진흙 논에서 썰매를 끄는 아빠들은 힘들은 기색이 역력하다. 비록 힘은 들더라도 아이들이 즐거워하는 모습에 열심히 썰매를 끌어준다. 썰매타기로 아이들과 아빠들의 얼굴과 옷은 진흙 범벅이 되었다. 이제는 옷이 버릴까 봐 조심

〈그림〉 논 놀이터에서 논 썰매타기 놀이

조심했던 모습은 어디에서도 찾아볼 수 없다. 아이들은 논의 흙탕물과 하나가 되어 즐겁게 논에서 놀기를 멈추지 않는다.

다시 아이들은 대열을 정리하여 손 모내기를 하였다. 고사리손으로 모를 3~4개씩 잡고 못줄에 맞춰서 논에 심는다. 앞에서 설명해주시는 선생님의 소리에 맞춰서 모를 심고 뒤로 물러나면 못줄이 옮겨진다. 못줄이 옮겨지고 나면 아이들은 또 못줄에 표시된 눈금에 맞춰서 모를 심는다. 처음 심어보는 모내기에 마냥 즐겁기만 하다. 오늘 내가 심은 모가 정말로 쌀로 만들어질 수 있을까? 하며 의심의 질문을 하는 어린이도 있다. 쌀이 만들어지는 과정을 1년 동안 논 놀이터 벼 재배 체험을 통해서 확인할 수 있을 것이다.

〈그림〉 어린이들의 모내기 체험행사

아이들의 모내기가 끝나고 그동안 아이들을 보살펴 주었던 어른들의 모내기를 할 차례이다. 어른들은 논 놀이터 400여 평의 모내기를 해야 한다. 아이들 못지않게 신기한 모습으로 모를 심기 위해서 하나둘씩 논으로 들어간다. 일렬로 줄을 서서 못줄 잡는 사람의 '줄이요' 소리에 맞춰서 열심히 손 모내기를 한다. 모내기를 하면서 사람들은 이런저런 이야기를 나눈다. 손으로 모내기가 처음이다고 한 사람도 있고, 예전에 어릴 적에 심어본 사람도 있다. 어른들은 그 옛날의 향수와 추억에 젖어 즐거운 시간을 보낸다. 400여 평의 논에 모내기는 1시간 동안 계속되었다. 논 놀이터에 손 모내기를 마치고 논두렁에 앉아 어린 모가 심어진 논을 보고 있으니 마음이

〈그림〉 어른들의 모내기 체험행사

흐뭇하다. 벌써 가을의 풍년이 든 벼 이삭을 기대한다. 모내기 완료 후 시원한 수박과 각자 준비해 온 음식을 그늘막에 앉아서 먹으며 이런저런 이야기를 나누며 이웃과 친하게 어울린다. 마지막으로 특별하게 준비한 현수막과 입간판을 칠보산 논 놀이터 입구에 설치하는 것으로 논 놀이터의 손 모내기 행사를 마무리한다.

논 놀이터 회원들이 직접 논에 모를 심고 논에서 즐거운 놀이체험으로 즐거움과 생명의 소중함을 느낄 수 있는 소중한 시간이었다.

〈그림〉논 놀이터 회원들의 다짐

〈그림〉칠보 논 놀이터 현수막 설치 모습

벼의 모는 씨앗이 발아 후 본 논에 옮겨 심을 때까지를 말한다. 벼의 쌀눈에서 잎과 뿌리가 발아한다. 벼의 잎이 3매 나올 때까지는 씨앗의 영양분에 의존한다. 잎이 4매 나오면서부터는 뿌리에서 영양분을 흡수하여 생장한다. 발아한 모에는 싹잎과 뿌리가 나오고, 잎이 3매 나오면서는 뿌리가 많아진다. 파종 후 40여 일 지나면 모가 자라서 벼의 형태가 완성된다. 벼의 생육 기간은 크게 영양생장기와 생식생장기로 나눈다. 영양생장기는 벼가 성장하는 시기로 육묘기, 이양기, 착근기, 분얼기로 구분한다. 벼 이삭이 만들어지는 생식생장기는 신장기, 출수기, 결실기로 구분한다.

특히 분얼기에는 벼줄기가 새로 생기는 과정을 거쳐서 벼이삭이 많아진다. 개화기에는 아름다운 벼꽃이 핀다. 벼꽃은 암술과 수술이 함께 있는 일심동체형으로 자가수분이 일어난다. 자가수분 이후에는 벼이삭이 영글어 벼알이 무거워져 고개를 숙이며 누렇게 익어간다.

파종기(발아) ➡ 이양기 ➡ 분얼기 ➡ 출수기 ➡ 개화기 ➡ 성숙기

〈그림〉 벼의 생육단계별 변화

못자리

모내기

분얼기

개화기

결실기

벼베기

〈그림〉 벼 생육단계별 재배관리

논두렁에 콩 심기

일시	체험 내용	활동 참여자	준비물
5.15.	논두렁 콩 심기	회원 전체	콩모종, 호미, 노끈, 간식

논 놀이터 두 번째 행사인 논두렁에 콩심기이다. 일반적으로 논두렁에 콩을 심는 이유는 벼만 재배하는 것보다는 부수적으로 수익을 올릴 수 있다. 논 두렁의 콩은 바람이 잘 통해서 수분율이 높아 콩 수확량이 많다. 논두렁을 정리 후에 콩을 심어 놓아서 논두렁이 허물어지는 것을 예방할 수 있다. 콩은 어느 정도 자라면 순지르기를 해줘야 한다. 순지르기를 하지 않으면 웃자라서 열매가 맺지 않아 수확량이 떨어진다. 콩모종을 옮겨 심는 방법은 먼저 구멍을 파고 물을 충분히 준 다음에 모종을 심고 잘 다독여준다. 칠보산 주변에는 고라니가 많아서 콩모종을 뜯어 먹을까 염려가 되어서 빨간색 노

끈을 설치해 주었다. 고라니는 순이 연한 잎을 주로 뜯어 먹어 농작물의 피해를 주는 대표적인 동물이다. 회원들에게 콩모종 심는 방법을 설명한 뒤에 가족 단위로 콩모종을 나누어 주어서 심도록 하였다. 논두렁에 심은 콩은 가을에 수확하여 '콩 구워 먹기' 프로그램에 이용한다. 아이들은 정성스럽게 콩모종을 심으며 즐겁게 작업을 한다. 논두렁에 있는 콩은 물관리가 필요 없다. 가끔 논두렁을 깎을 때 예초기에 콩모종이 베어지지 않도록 주의만 하면 된다. 논두렁의 콩심기는 모종이 아닌 콩 종자를 바로 심어도 된다. 작물의 발아 및 생존율을 높이기 위해서 모종을 길러 심는다.

〈그림〉 논두렁 주위에 심을 콩모종

〈그림〉 콩모종 심기 시범 모습

〈그림〉 회원 가족들 간의 콩 심기 체험 진행

벼의 병해충은 재배 방법의 변화, 기상이변, 농산물 교역 증가와 같은 다양한 원인에 의해서 병해충의 발생이 증가한다. 병해충가 발생하면 쌀의 수확량이 감소하고 품질이 낮아진다. 병충해를 방제하기 위해서 새로운 농자재(농약)의 개발이 필요하다. 그러나 병원균이나 해충들의 농약에 대한 내성에 따른 좀 더 강력한 농자재를 사용하는 악순환이 반복된다. 병해충을 농자재에 의존하기보다는 친환경적인 작물 재배 방법과 기상 환경을 적절하게 활용하여 사전 예방이 중요하다.

벼의 병해

벼의 병해는 약 200여 종이 있다. 주요 병해는 도열병, 잎집무늬마름병, 흰잎마름병, 바이러스병, 잎집썩음병, 갈색잎마름병, 이삭마름병, 키다리병, 모잘록병이 있다. 도열병(稻熱病, rice blast)은 벼농사를 재배에서 가장 빈번하게 발생한다. 도열병은 병원균이 침입하는 부위에 따라서 잎도열병, 이삭목도열병, 마디도열병, 이삭가지도열병, 벼알도열병으로 분류된다. 벼도열병은 일조량이 적고 저온이면서 습도가 높을 때 발생한다. 잎집무늬마름병(문고병紋枯病, sheath blight)은 도열병 다음으로 많이 발생하는 병해이다. 전염 원인 균핵이 가을에 논바닥에 떨어져 월동 후 다음 해에 모가 자랄 때 잎집과 잎몸 사이에 붙어 발병한다. 잎집무늬마름병은 7월 중순 이후 분얼이 많아지고 고온일 때 많이 발생한다. 바이러스병(rice virus)은 주로 애멸구나 끝동매미충과 같은 매개충에 의해서 발병한다. 줄무늬잎마름병이나 검은줄무늬오갈병은 애별구에 의해서 전염되고, 오갈병은 끝동매미충이나 번개매미충에 의해서 감염되어 발병한다. 모마름병(seedling damping-off)은 토양전염성 병해로 후사리움균, 피시움균, 라이족토니아균과 같은 다양한 종류의 균에 의해서 발생한다. 키다리병(bakanae disease)은 종자 전염으로 발생하는 병이다. 키다리병에 걸리면 정상적인 묘와 달리 신장이 크며 웃자람이 심하고 담녹색을 띄며 이상 도장현상이 나타난다. 키다리병은 도장형, 위축형, 도장회복형, 이상신장형, 정지형으로 5가지 유형이 있다. 키다리병에 걸리면 분얼이 적게 발생하고 출수가 되지 않거나 출수해도 낟알이 충실하지 못하다. 키다리병을 예방하기 위해서는 종자소독을 철저히 한다.

벼의 충해

벼의 해충으로는 멸구류, 매미충류, 이화명나방, 혹명나방, 벼물바구미, 벼잎벌레, 벼줄기굴파리를 포함한 약 200여 종이 있으나 전국적으로 피해를 주는 것은 30여 종이다. 해충의 발생은 조기재배, 밀식재배, 과다 양분 사용, 대형 농기계 사용과 같은 재배 방법에 따라 다양하게 발생한다. 벼멸구류(brown planthopper)는 성충이 3.3~6.0mm 정도의 크기이며 벼멸구, 흰등멸구, 애멸구와 같은 것이 있다. 벼멸구와 흰등멸구는 우리나라에서 월동하지 못하고 6~7월에 저기압 통과시 중국에서 날아오는 해충이다. 이화명나방(rice stem borer)은 성충의 몸길이가 15mm, 날개 길이가 25mm이며, 숫나방은 암나방보다 작고 짙은 갈색이다. 멸강나방(rice army worm)은 몸길이가 20mm이고 날개를 펴면 40mm 정도이다. 멸강나방은 알→애벌레→유충→번데기→성충→알의 과정으로 번식한다. 벼물바구미(rice water weevil)는 몸길이가 3mm 정도이고 바구미 모양이고 벼잎을 직선으로 파먹는다. 벼잎벌레(rice leaf beetle)는 성충의 몸길이가 4.2~4.8mm이고 청남색의 잎벌레이다. 벼줄기굴파리(rice stem maggot)는 몸길이가 2.1~2.5mm 정도이고 몸 전체가 황색이다.

〈표〉 우리나라 벼농사에서 해충에 의한 병해 발생 현황(농촌진흥청, 1997)

해충명	1950 년대	1960 년대	1970년대		1980년대		1990 년대
			전기	후기	전기	후기	
이화명나방	+++	++	++	+	+	+	+
흑명나방	+	+	++	++	++	+	+
벼멸구	+	++	+++	+++	+++	+++	+++
흰등멸구	+	++	+++	+++	+++	+++	+++
애멸구	+	+++	+	++	++	+	+
끝동매미충	+	+	++	++	+	+	+
벼굴파리류	+	+	++	+++	+++	+	+
벼잎벌레	+	+	++	++	++	++	+
벼물바구미						+	+++

(주) +: 적게 발생함, ++: 중간, +++: 많이 발생함

* 출처 : 벼 재배공학(박광호, 2014, 향문사)

김매기

일시	체험 내용	활동 참여자	준비물
6.15.	김매기	회원 전체	장화, 긴바지, 긴소매셔츠, 모자

논 놀이터에 모내기 후 한 달이 지났다. 이젠 어린 벼 모종도 논에 활착이
되어 잘 자라고 있다. 벼가 논에 적응했듯이 피와 같은 잡초도 군데군데 영
역을 확보하여 자라고 있다. 벼가 자라는 동안에 김매기를 해줘야 한다. 김
매기는 벼 재배 기간에 2~3번을 해주는 것이 좋다. 요즘은 농촌의 노동력이
없어서 대부분 제초제를 사용하여 잡초를 방지한다. 하지만 논 놀이터 체험
프로그램에서는 친환경재배로 농약과 화학비료를 전혀 사용하지 않는다.
김매기의 목적은 실제로 잡초를 제거해주는 것이 일차적인 목적도 있지만
벼줄기의 분얼을 도와줄 수 있도록 뿌리의 주위의 흙을 걷어내주는 효과도

있다. 벼 모종의 주위를 손가락으로 포기와 포기 사이의 흙을 걷어내어 주어 뿌리의 호흡을 도와준다. 회원들은 벼 고랑의 4줄을 기준으로 한 명씩 맡아서 앞으로 나가면서 김매기를 해준다. 아이들도 벼와 벼 사이의 고랑으로 걸어 다니면서 벼의 잎과 줄기를 관찰한다. 손으로 흙을 만지고 걷어내어 부드러운 촉감을 느낀다. 아이와 함께 논을 걸으면서 벼의 생육 과정과 자연의 소중함을 이야기한다. 오랜 만에 뜨거운 태양빛에 일광욕도 즐기고 맨발로 땅의 기운을 받은 특별한 체험이었다.

〈그림〉 벼농사의 김매기에 대한 설명

〈그림〉 벼와 벼 사이에 김매기 시범 모습

〈그림〉 회원들의 본격적인 김매기 체험활동

논에는 벼만 자라는 것이 아니다. 벼의 경쟁 상대인 잡초도 함께 자란다. 잡초는 1년생 잡초와 다년생 잡초로 분류한다. 1년생 잡초는 피, 물달개비, 바랭이, 사막귀풀이 있으며 다년생 잡초는 벗풀, 가래, 매자기와 같은 것이 있다. 잡초의 방제법에는 예취, 담수, 소각과 같은 기계적인 방제법과 품종, 파종, 재식밀도, 경운, 피복과 같은 생태적 방제법과 잡초 발생을 억제하는 작물을 함께 심는 생물적 방제법과 제초제를 이용하는 화학적 방제법이 있다. 일반적으로 농업인이 작물을 재배할 때 잡초를 제거하기 위해서 사용하는 방법은 제초제이다. 제초제는 편리하고 효과적이며 경제적이기 때문에 많이 사용한다. 하지만 식품 안전의 중요성이 강조되면서 제초제 사용 대신에 친환경농업을 실천하는 경향이 증가한다. 요즘 농촌은 고령화로 인해 노동력이 없어 농사일을 할 수가 없다. 그래서 농약이나 제균제를 많이 사용하여 될수록 편안하게 농사일을 한다. 여름날의 푸르게 자라야 할 논두렁이 누렇게 변해 있는 모습을 보고 있노라면 마음이 아프다. 농부는 논두렁 풀을 깎을 수가 없어서 제초제를 살포한다. 제초제의 약 성분은 풀만 죽이는 것이 아닐 것이다. 작물을 통해서 다시 우리들의 몸속으로 들어올 것이다.

우리나라 논 잡초의 변천 과정은 〈표〉에서 잘 보여준다. 잡초군락의 천이 변화는 제초제의 변화, 기상 변화, 재배 방법, 품종의 변화가 주요 요인으로 작용한다.

〈표〉 우리나라 논잡초의 변천(우점도, 단위:%)

1971년		1981년		1991년		2001년	
①마디꽃	34.5	①물달개비	22.2	①올방개	19.6	①물달개비	12.7
②쇠털골	11.9	②올미	17.5	②올미	15.6	②올방개	9.5
③물달개비	11.1	③벗풀	9.0	③벗풀	13.2	③피	9.5
④알방동사니	8.7	④가래	9.0	④피	12.2	④벗풀	9.1
⑤피	6.9	⑤너도방동사니	8.5	⑤물달개비	11.2	⑤가막사리	5.8
⑥밭둑외풀	3.3	⑥마디꽃	6.0	⑥너도방동사니	4.6	⑥여귀바늘	4.9
⑦가레	3.1	⑦사마귀풀	4.4	⑦가래	3.3	⑦사마귀풀	4.4
⑧사마귀풀	2.4	⑧밭둑외풀	3.9	⑧여귀바늘	2.6	⑧밭둑외풀	4.0
⑨물방개	1.8	⑨올방개	3.4	⑨사마귀풀	2.5	⑨자귀풀	2.8
⑩여귀	1.8	⑩여귀바늘	3.0	⑩알방동사니	2.3	⑩한련초	2.7
		⑪여귀	2.7	⑪마디꽃	2.2	⑪알방동사니	2.5
		⑫피	2.3	⑫나도겨풀	1.3	⑫가래	2.4
		⑬나도겨풀	2.1	⑬여귀	1.1	⑬나도겨풀	1.7
		⑭쇠털골	1.6	⑭밭둑외풀	0.7	⑭바람하늘지기	1.5
		⑮올챙이고랭이	1.3	⑮바람하늘지기	0.6	⑮올미	1.3

*밑줄 글자는 다년생 잡초임

*출처 : 쌀 생산과학(채제천, 2005, 향문사)

자귀풀

가막사리

물달개비1

올방개

물달개비2

돌피

〈그림〉 논 놀이터에서 자라는 여러 종류의 잡초 예시

호박1

옥수수

호박2

콩

호박3

여주

〈그림〉논 놀이터 주변에서 재배하는 작물

5

논 주위 생명체 관찰

일시	체험 내용	활동 참여자	준비물
7.13.	논 주위 생명체 관찰하기	회원 전체	메모지, 간식, 모자

논 놀이터를 시작하면서 야심 차게 준비한 것이 둥벙이다. 벼농사만 짓는 것이 아니라 논 주변의 자연생태계를 관찰하기 위해서 둥벙을 만들었다. 둥벙에는 창포, 연근과 같은 식물과 미꾸라지, 우렁이, 붕어와 같은 생물체를 넣어서 키웠다. 회원들은 논 놀이터에 오면 가장 먼저 둥벙으로 달려가서 어떤 생물체가 살고 있는지 관찰한다. 벼가 자라는 논은 다원적 기능을 갖는다. 단순하게 논에서 쌀만 생산한다고 생각하면은 잘못된 생각이다. 논의 벼 재배를 통해서 자연생태계에 중요한 역할을 한다. 논 놀이터 회원들에게 논과 논 주변에 자연생태계에 대해서 알아보는 시간을 위해서 논 농사 체험프로그램을 만들었다. 논에는 벼 이외에 잡초로는 달개비, 바랭이, 쇠뜨기와 같은 식물

이 함께 자란다. 또한 인위적으로 기르는 식물과 자생적으로 살아가는 식물들이 많다. 논 주위에는 개구리, 메뚜기, 뱀과 같은 다양한 생명체들도 함께 살고 있다. 회원들은 둥벙을 출발하여 논 주위를 돌아보면서 여러 종류의 자생식물과 생명체에 대한 설명을 듣고 생태 관찰하는 시간을 갖는다.

　　논 주변의 풀들은 베어줘야 한다. 논두렁에 풀이 무성하게 있으면 병해와 뱀과 같은 해충으로부터 위험함으로 깨끗하게 관리해야 한다. 특히, 논 놀이터와 같은 아이들의 체험프로그램을 운영하는 경우에는 더욱 논두렁의 풀깎기를 자주 해야 한다. 논농사에는 재배하는 벼 이외는 모두 다 뽑아내고

〈그림〉 둥벙에 사는 다양한 생명체 설명

〈그림〉 논 주위의 다양한 식물들 설명

〈그림〉 칠보 논 놀이터의 논 주위의 생태관찰 체험

베어내는 제거 대상이다. 논에서는 벼 이외에 잡초들을 모두 뽑아 없앤다. 논두렁에서도 인위적으로 심어 놓은 콩이나 옥수수, 호박 이외의 풀을 모두 베어줘야 한다. 재배 작물은 인위적으로 도움을 받아 자라고 성장하여 먹을거리를 제공한다. 하지만 자연적으로 자라는 다양한 식물들도 각자의 위치에서 무럭무럭 자라고 있다. 각자 서로의 경쟁을 하면서 말이다.

〈그림〉 벼와 피는 항상 경쟁 관계

〈그림〉논두렁 주변의 풀 베기 작업

백중(百中)은 음력으로 7월 15일이다. 백중의 다른 말은 머슴날, 호미씻는 날, 중원(中元), 백종(百種)이라고도 불린다. 백중날에는 그동안 농사일이나 논의 김매기를 마치고 고생한 노고의 보답으로 농부나 머슴들을 격려한다. 머슴이 있는 집은 머슴들에게 새 옷을 해주고 용돈을 줘서 하루를 쉬게 한다. 머슴들은 새옷을 입고 받은 용돈으로 백중장에 가서 씨름판을 벌이거나 농악경연을 한다. 어떤 마을에서는 상머슴 선발대회를 열었으며 선발된 머슴은 소나 가마를 타고 놀았다. 요즘은 이러한 세시풍속은 모두 사라졌다. 예전의 전통 방식으로 농사짓기를 하고 있는 도시농업인들이 그 명맥을 잇고 있다. 도시 주변에서 텃밭농사, 논농사를 지으면서 전통적인 방법으로 농사짓기를 실천한다. 주말에는 5~10평 남짓한 텃밭에 나가서 잡초를 뽑고 작물을 재배한다. 도시 근교에 있는 논학교를 다니며 옛날 전통 방식으로 논농사를 배우며 벼를 재배하고 있다. 논에 잡초를 없애기 위해서 로타리를 치지 않고 맨손으로 풀을 뽑는다. 모판을 신청하기보다는 못자리를 만들어 벼모종을 기른다. 모내기 때에는 이앙기를 이용하기보다는 손 모내기를 한다. 잡초를 없애기 위해서 제초제를 뿌리기보다는 김매기로 잡초를 뽑아준다. 콤바인을 이용하기보다는 낫으로 벼베기를 하여 홀태로 벼를 탈곡한다. 그 옛날의 전통농업 방식을 고집하며 논농사을 배우고 체험하며 친환경농업을 실천한다. 논학교에서 논농사 체험할 때 백중행사를 하였다. 커다란 찜통에 백숙을 끓이고 각자 준비해 온 음식을 나누며 그동안 힘들게 지었던 논농사 이야기를 나눈다. 도시에 살면서도 논농사를 짓고 있다는 사실에 감사하며 즐겁게 배우며 논농사를 짓는다. 요즘처럼 바쁘고, 산업화로 우선순위에서 밀려난 농업의 중요성을 되새기는 좋은 방법이 도시농업이다. 도시농업을 통해서 새로운 삶의 가치를 얻을 수 있다.

〈그림〉 맛있는 백숙을 끓이는 큰 찜통 모습

〈그림〉 논두렁에서 논학교 회원들의 백중행사 모습

6

벼 화분 키우기

일시	체험 내용	활동 참여자	준비물
5.24.	벼 화분 만들기	회원 전체	벼 화분 용기, 간식, 모자

　　모내기 행사날 벼 화분을 만들어서 집으로 가져갔다. 벼 화분을 베란다 놓고 키우면서 벼생육 과정을 관찰한다. 벼 화분과 논 놀이터의 벼의 생육관찰에 도움이 될 것 같았다. 회원들에게 모내기하는 날 화분을 가져와서 벼 화분을 만들도록 하였다. 벼 화분은 밑부분이 구멍이 없어야 한다. 언제나 물이 고여 있어야 하기 때문이다. 흙은 논흙과 텃밭용 상토를 절반씩 섞어서 준비하면 된다. 벼 모를 한두 포기 정도만 심어서 재배한다. 논 놀이터 회원들은 벼 화분의 생육 상태를 관찰하여 중간중간에 SNS에 소식을 전한다. 벼 꽃이 피었거나 죽지 않고 잘 자라고 있다고 회원들에게 벼 화분 상태를 공유한다. 회원들은 논 포장에서도 집에서도 벼의 생육 상태를 관찰할 수 있다.

화분이 없어 찾다 보니 쓰지 않은 약탕기가 있어서 벼 화분으로 사용했다. 벼 화분의 컨셉은 '밥이 보약'이다. 약탕기에서 잘 자라고 있는 벼 화분을 볼 때마다 흐뭇하다. 벼 화분을 키우다 보니 너무 공간이 작아서 벼가 성장하는 데 한계가 있다. 벼줄기 분얼도 일어나지 않고 거름이 부족하여 알맹이도 적었다. 그렇지만 벼의 생육 과정을 언제든지 자신의 집에서도 관찰하고 확인할 수 있어서 너무 좋았다. 벼 화분은 베란다뿐만 아니라 옥상이나 적당한 공간이 있으면 재배할 수 있다. 반드시 논에서만 키울 것이 아니다. 우리가 화분에 꽃을 가꾸듯이 벼 화분에 벼를 심어 키우면 된다. 벼가 커가는 모습을 가까이서 지켜 보는 것도 큰 즐거움이다.

〈그림〉 약탕기에서 자라고 있는 벼 화분

〈그림〉벼 화분의 벼꽃 모습 관찰하기

〈그림〉옥상 텃밭에서 잘자란 벼 화분 모습

분얼(tillering)은 벼의 원줄기(main culm)나 분얼 가지의 잎겨드랑이에서 생기는 가지 (branch)를 말한다. 벼의 분얼에는 이삭이 달리는 유효분얼(productive tiller)과 이삭이 달리지 않은 무효분얼(non-productive tiller)로 나눈다. 분얼은 총 3차에 걸쳐서 진행한다. 1차로 원줄기에서 9개 정도의 줄기가 나오고, 2차 분얼에서는 21개, 3차 분얼에서는 10개로 총 40개 잎줄기가 나온다. 이론상으로 원줄기와 합하면 총 41개의 벼 이삭을 얻을 수 있다.

하지만 벼의 분얼은 생육 재배환경인 온도, 광, 물, 영양, 개체수, 심는 간격이나 깊이에 따라 영향을 받는다. 분얼 발생의 적정온도는 18~25℃이며 주야간의 온도차가 크고, 광의 강도가 강하면 분얼수가 증가한다. 토양수분이 부족하고, 재식밀도가 높고 모를 깊게 심으면 분얼수가 감소한다. 벼는 제2엽절에서부터 새줄기가 나온다. 육모 일수가 40일의 성묘를 손이양 재배에서는 제5엽절부터 분얼이 나오고 육묘 일수가 20일의 어린 묘에서는 제4절부터 분얼이 생긴다. 일반적으로 벼를 직파하면 제2엽절에서 12엽절까지 분얼이 생기고 이양재배에서는 5엽절에서 10엽절까지 분얼이 발생한다.

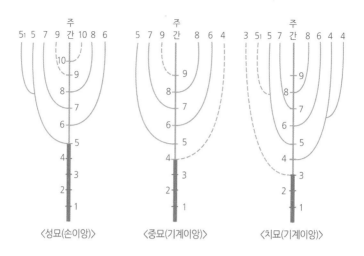

〈그림〉 육묘 및 이양 방법의 차이에 따른 분얼 위치 비교

*출처 : 쌀 생산과학(채제천 저, 향문사, 2015) 자료 재편집

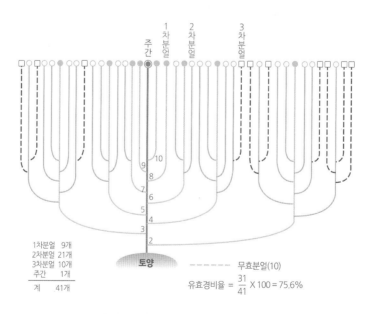

1차분얼 9개
2차분얼 21개
3차분얼 10개
주간   1개

계   41개

- - - - - 무효분얼(10)

유효경비율 = $\dfrac{31}{41}$ X 100 = 75.6%

〈그림〉 벼 원줄기의 분얼 발생 모식도 예시

*출처 : 벼 재배공학(박광호 저, 향문사, 2014) 자료 재편집

제5장

가을

1

아름다운 벼꽃

일시	체험 내용	활동 참여자	준비물
8.25.	아름다운 벼꽃 관찰	회원 전체	메모장, 카메라, 간식, 모자

벼꽃은 8월 말부터 피기 시작한다. 벼꽃이 피고 지는 시간은 3~4시간에 지나지 않는다. 벼꽃 피는 시간도 오전 10시부터 피어서 오후 2시가 최고조를 이룬다. 벼는 자가수정을 한다. 벼 껍질 안에서 수술과 암술이 함께 들어 있다. 벼꽃이 필 때는 수술이 벼 껍질 밖으로 나와서 꽃술이 떨어져 암술과 수분이 일어난다. 수분이 일어남과 동시에 벼 껍질이 닫히면서 꽃이 지고 벼 껍질 안에는 탄수화물이 저장되어 쌀이 만들어진다. 벼꽃은 농촌에 살면서도 보지 못하는 경우가 많다. 일반인들은 대부분 벼꽃을 보기가 쉽지 않다. 농촌 지역에서 자랐고 벼농사를 도왔지만, 벼꽃은 한번도 보지 못했다. 벼농

사 일손을 도왔던 시기가 못자리, 모내기, 벼베기와 같은 생육 단계이다. 벼꽃이 피는 시기에는 일손이 많이 필요치 않았다. 벼꽃을 제대로 본 것은 도시농업의 논학교를 다니면서부터다. 도시농업인으로 벼꽃을 볼 수 있는 것은 행운이다. 벼꽃이 한창 피는 시기에는 회원들에게 SNS에 전달하면 시간 될 때 논 놀이터로 와서 벼꽃을 관찰한다. 벼꽃의 아름다움 그 자체이며 부지런해야 짧은 시간에 피고 지는 벼꽃을 볼 수 있다.

〈그림〉 벼 이삭이 패는 모습

〈그림〉 아름다운 벼꽃의 모습

〈그림〉 벼꽃이 만개한 모습

벼꽃은 수술과 암술이 함께 있는 완전한 꽃이다. 벼꽃은 수술 6개와 암술 1개로 되어 있다. 암술은 주두(암술머리), 화주(암술대), 자방(씨방)으로 구성한다. 주두는 화주가 둘로 나눠져서 꽃가루가 붙어 수분하기 좋다. 수술의 꽃밥은 4개의 방이 있고, 각 방에는 많은 꽃가루로 들어 있다. 개화시에는 꽃실이 자라면서 벼 낟알 밖으로 나온다. 벼 껍질 밖으로 수술이 나오고 대부분 수술과 암술은 자가수분한다. 벼 껍질이 벌어져 있는 시간은 길지 않다. 수술에서 꽃가루가 떨어져 암술에 닿으면 수분이 일어나고 벼 껍질은 오므라든다. 벼 껍질 내부에 양분이 저장되어 쌀이 만들어진다.

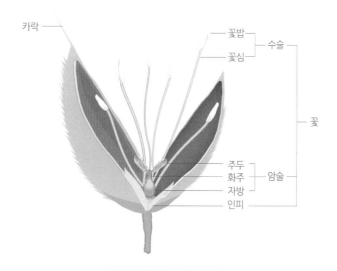

〈그림〉 아름다운 벼꽃의 구조

〈그림〉 벼 껍질이 벌어져 수술이 나온 상태

〈그림〉 아름다운 벼꽃 모습

②
허수아비 만들기

일시	체험 내용	활동 참여자	준비물
9.20.	허수아비 만들기	회원 전체	각목, 헌옷, 매직, 철사, 노끈

　지난 5월에 모내기를 시작으로 논 놀이터 체험이 막바지에 접어들었다. 가을은 만물이 결실을 맺는 계절이다. 논 놀이터에도 벼꽃이 피고 벼알이 영글어 간다. 참새로부터 벼 이삭을 지키기 위해서 허수아비를 만드는 체험을 하였다. 허수아비를 만들기 위해서는 뼈대와 겉에 헌 옷이 필요하다. 뼈대는 각목을 준비하였으며 헌 옷은 사전에 회원들에게 공지하여 가져오도록 하였다. 뼈대인 각목을 적당한 길이로 잘라서 열십자(十)로 고정해서 회원들에게 나눠준다. 회원들은 나무로 만든 뼈대에 얼굴을 만들고 옷을 입혀서 허수아비를 완성한다. 허수아비의 종류도 가지각색이다. 아빠 와이셔츠로 만든 회사원 허수아비, 형의 태권도복으로 만든 태권소녀 허수아비, 목걸이까

지 멋지게 한 엄마 허수아비와 같이 다양한 허수아비가 만들어졌다. 각자 회원들은 자신이 만든 허수아비를 설명하는 시간을 가졌다. 가족들이 힘을 합쳐서 만든 허수아비의 이유도 다양하다. 각자 만든 허수아비에게 이름을 붙여서 논의 적당한 곳에 세워놓아 참새를 쫓아달라고 부탁한다. 허수아비들은 회원들을 대신하여 벼를 수확하는 그날까지 논 놀이터를 지키고 서 있을 것이다.

〈그림〉 허수아비 만들기 준비로 나무 자르기

〈그림〉 열심히 허수아비를 만드는 가족

〈그림〉 참여 가족의 허수아비 소개하기

〈그림〉 비싼 목걸이를 한 허수아비

〈그림〉 태권소녀 허수아비

〈그림〉 회사원 허수아비

〈그림〉 논에 허수아비 설치하기

볍씨 한 톨은 몇 알 정도의 쌀을 생산할까? 벼 수량을 결정하는 요인은 기상 조건, 이삭 거리, 물 관리, 토양 조건, 재배기술과 같은 여러 가지 영향을 받는다. 벼 낟알 계산식은 이삭 수, 낟알 수, 등숙 비율, 벼알 무게를 고려하여 생산량을 산정한다. 볍씨 한 개가 싹이 나서 자라면서 줄기가 분얼을 한다. 분얼은 총 3차에 걸쳐서 진행된다. 1차 분열은 9개 줄기, 2차 분열은 20개 줄기, 3차 분열은 10개로 원줄기에서 전체 40개의 새로운 줄기가 만들어진다. 여기에 원줄기 1개를 더해서 총 41개 벼 이삭을 갖는다. 한 개의 벼 이삭은 대체로 80~120개의 벼 낟알이 달려 있다.

계산식에 따르면 41개 줄기(분얼 수) x 100(1개 이삭) = 4,100개 낟알, 위와 같이 볍씨 한 톨은 4,100개 낟알이 만들어진다. 물론 이론상이다. 여기에 벼 수량을 결정하는 요인에 따라서 생산량은 약 60~70% 내외이다.

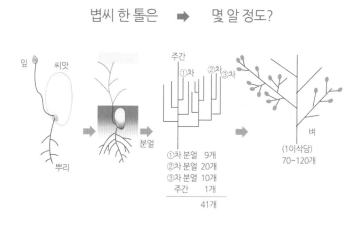

〈그림〉 벼 낟알 수 계산하기

〈그림〉 벼 이삭 관찰 및 낟알 세기

〈그림〉 친환경재배 벼와 일반 벼의 낟알 수 비교

③

벼 베기 하는 날

일시	체험 내용	활동 참여자	준비물
10.11.	벼 베기, 이삭 낟알 세기, 탈곡하기, 새끼꼬기, 콩구워먹기, 백일장	회원 전체, 운영자	낫, 홀태, 벼짚, 글짓기, 그리기 도구

　오늘은 논 놀이터의 벼 베는 날이다. 이젠 논 놀이터도 마무리할 시간이 되었다. 지난 5월에 손 모내기를 하여서 지금까지 논 놀이터 행사를 하면서 벼의 생육 과정과 논 주변의 자연생태계를 배울 수 있었다. 논농사 체험을 통해서 농업인의 노고와 고마움을 조금이나마 느낄 수 있었다. 벼베기 행사를 위해서 새벽 6시부터 준비를 시작하여 8시 30분에 준비가 끝났다. 벼베기 행사의 주요 일정은 벼 이삭 낟알 세기, 벼베기, 탈곡하기, 새끼줄 꼬기, 백일장 대회, 토끼몰이와 오리 잡기, 콩구워 먹기 순으로 진행한다. 벼베기 체

험만 진행하는 것이 아니라 다양한 놀이활동을 마련하여 즐겁고 알찬 시간
이 되도록 준비했다.

벼베기 체험행사의 시작은 논 주인님이 그동안 벼의 재배 과정, 쌀의 소
중함, 친환경재배농업과 같은 논농사에 대한 전반적인 설명을 해주었다. 행
사 첫 번째로 관행농업으로 재배한 벼와 친환경농법으로 재배한 논 놀이터
벼의 낟알 수를 비교하였다. 관행농업으로 재배한 벼의 낟알 수가 약 20여
개가 많게 조사되었다. 논 놀이터 벼가 전체적으로 약 25%의 수량이 적음
을 알 수 있었다. 일반적으로 벼 이삭 1개에는 70~120개의 낟알 수가 달린
다. 벼이삭은 생육환경과 영양공급에 따라 영향을 받는다.

〈그림〉논 놀이터 벼베기 체험행사 일정표

벼베기는 손으로 벼를 잡고 낫으로 베기 때문에 위험하다. 그래서 아이들은 1명씩 나와서 도와주시는 선생님과 함께 벼를 낫으로 조심히 베었다. 처음 벤 벼는 고무줄로 묶어서 기념으로 각자 집에 가져가도록 하였다. 두 번째 벤 벼는 탈곡하는 홀태가 있는 곳으로 이동해서 홀태로 벼를 탈곡하였다. 홀태를 처음 보고 홀태에 탈곡하는 것도 처음인 아이들은 좋아하고 신났다. 벼베기와 탈곡 과정을 체험한 아이들은 새끼꼬기를 하였다. 새끼 꼬는 방법을 알려주고 누가 새끼줄을 많이 꼬는지 시합을 하였다. 아이들은 벼베기의 즐거움을 글짓기를 통해서 논농사의 즐거운 추억을 남겼다. 새끼꼬기와 백일장 대회에 입상한 아이들에게는 논 놀이터 쌀 1kg 상품권을 부상으

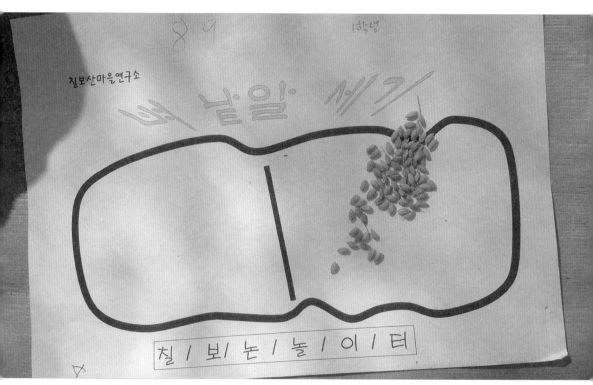

〈그림〉 벼 이삭 낟알 세기 비교 체험

〈그림〉 아이와 함께 낫으로 벼베기

〈그림〉 논 놀이터의 홀태로 벼 탈곡하기

〈그림〉논 놀이터 새끼꼬기 체험

〈그림〉논 놀이터 벼베기 백일장 대회 최우수 수상작

로 주었다.

　벼베기 체험이 어느 정도 정리가 되자 옆에 논에서 짚에 불을 피워서 고구마와 논두렁에서 수확한 콩을 구워 먹었다. 짚불 속에 고구마와 콩을 넣었다. 너무 타버린 것도 많았지만 적당하게 익는 콩과 고구마를 꺼내어 맛있게 먹었다. 오늘 행사의 마지막 하이라이트는 토끼몰이다. 이미 벼베기가 끝난 논에서 토끼를 풀어 놓고 토끼 잡기를 하였다. 발 빠른 토끼를 잡기는 쉽지가 않았다. 아이들은 있는 힘을 다해서 토끼를 잡으려고 열심히 달렸다. 토끼잡이가 끝나자 이번에는 오리 잡기를 하였다. 오리는 옆에 있는 도랑으로 도망가서 오리를 잡지 못하고 게임을 끝내야 했다.

〈그림〉 볏짚으로 고구마와 콩 구워 먹기

아침 10시부터 시작된 논 놀이터 벼베기 체험행사는 오후 3시가 넘어서 마무리가 되었다. 모두 1년 동안 벼농사를 지으면서 즐거운 시간과 벼의 생육 과정을 몸소 체험할 수 있었다. 특히, 벼농사를 직접 재배하면서 농업인의 고마움과 쌀의 소중함을 느끼는 즐거운 경험이었다. 도시에서 살면서 벼농사의 체험은 농업의 중요성을 인식하는 의미 있는 시간이었다.

〈그림〉 논에서 토끼 잡기 놀이

벼 탈곡기의 변천 과정

벼 수확 시기는 조생종과 만생종과 같이 품종에 따라 다르지만 일반적으로 출수 후 45
일이 적당하다. 너무 빨리 수확하면 미숙립과 푸른 쌀이 많아진다. 반대로 너무 늦어
지면 벼 이삭 목이 부러지거나 벼알이 땅에 떨어져 손실이 크고 쌀알이 갈라지는 동할
미가 많다. 벼를 수확하는 방법은 예전에는 낫으로 베어서 건조하여 한곳에 모아 탈곡
을 하였으나 지금은 콤바인 기계를 사용하여 벼베기와 탈곡을 동시에 진행한다. 콤바
인 수확 작업은 너무 이른 아침에 하면은 아침이슬 때문에 볏짚이 자주 걸려서 기계 고
장을 일으킨다. 콤바인으로 수확된 벼 낟알은 톤백에 담아서 미곡처리장이나 정미소로
옮겨진다. 대부분은 벼를 수확하여 바로 농협이나 미곡처리장에 판매하는 경우가 많
다. 요즘은 농사를 짓고 있는 농업인도 자신이 직접 생산한 쌀을 먹는 경우가 많지 않
다. 벼농사를 짓고 있는 많은 농업인들도 마트에서 쌀을 구입하여 먹는다.

①손으로 벼이삭 훑기

②홀태(그네) 탈곡기

③발로 밟아 탈곡하기

④콤바인 탈곡하기

〈그림〉 벼 탈곡기 변천 과정

4

쌀 브랜드 만들기

일시	체험 내용	활동 참여자	준비물
11.6.	쌀 브랜드 만들기	회원 전체	쌀 브랜드 공모전

　지난 1년 동안 칠보 논 놀이터에서 많은 회원이 참석하여 둥벙 만들기, 모내기, 김매기, 콩심기, 벼베기와 같은 재미있고 즐거운 논 놀이터를 체험했다. 논 놀이터에서 생산한 쌀의 브랜드를 만들기 위해서 공모전을 실시하였다. 칠보 논 놀이터 쌀 브랜드 네이밍 공모전 선정 결과를 9월 18일 발표하였다. 9월 1일부터 15일까지 접수된 칠보산마을연구소 논 놀이터 쌀 브랜드 네이밍 공모에 참여자의 수는 총 22건이었다. 공정한 평가를 위해서 1차 인터넷에서 중복성 검토하고, 2차 마을연구소 관계자가 서면평가를 진행하여 최종 확정했다. 칠보산 논 놀이터 쌀 브랜드 네이밍 공모전 평가결과는 수원

LG빌리지에 사는 이** 님이 당선되었다.

〈 당선자 제안 내용 〉

네이밍 : 수원 칠보산마을쌀(칠보쌀)

의미 : '경기 이천 쌀' 하면 맛있는 쌀, '포천 이동 막걸리' 하면 맛있
는 막걸리라는 인식이 있습니다. 어떤 뜻을 부여한 이름이
주는 신리보다 그 지역적 특성, 지역이 갖는 의미가 주는 신
뢰가 크기 때문이 아닐까 생각합니다.

〈 당선자 발표 〉

1위 : 수원 금곡동 LG빌리지 이*** 님

(상품) 칠보 논 놀이터에서 생산한 친환경 현미쌀 20kg

참여상 : 공모전에 참가한 전원(당초 10명에서 전체로 확대)

(상품) 칠보 논 놀이터에서 생산한 친환경 현미쌀 1kg

논 놀이터의 벼수확은 회원들이 낫으로 일부 벼를 베는 체험을 하였고, 나머지는 콤바인을 이용하여 벼베기를 진행하였다. 콤바인으로 수확된 벼는 칠보마을 정미소에 보관하였으며, 일정을 고려해서 도정작업을 하였다. 정미소에서 도정된 쌀은 5가마니 반으로 약 440kg이 생산되었다. 칠보 논 놀

이터에서 회원들과 함께 친환경재배로 생산한 쌀을 보고 있으니 기분이 너무 좋았다. 논 놀이터 회원들에게도 매우 의미 있고 소중한 쌀이었다. 생산된 쌀은 회원들에게 5kg씩 사은품으로 증정하고 체험행사 때 상품권을 받은 회원에게도 추가로 지급한다. 쌀은 브랜드 공모전에서 당선된 네이밍인 '칠보산 마을'을 붙여서 특별히 제작된 쌀 봉투에 담아서 지급한다. 칠보 논 놀이터에서 생산된 쌀이 향후 로컬푸드와 연계되어 사업성으로 확대되길 기대한다. 도시민과 농업인이 상생하는 살기 좋은 칠보마을로 발전되었으면 좋겠다.

〈그림〉 칠보 논 놀이터에서 생산된 쌀

〈그림〉 쌀 1kg 단위로 포장된 칠보산 논 놀이터 쌀

우리나라의 로컬푸드(Local Food)는 지역에서 생산된 농산물을 그 지역에서 소비하는 개념이 강하다. 농산물이 생산되어 대도시로 유통하여 판매될 경우 운송에 따른 유통비용 발생과 탄소 발생량이 많아진다. 농산물 유통비용은 고스란히 소비자가 부담해야 하며 탄소 발생에 따른 환경보존에 어려움이 있다. 이러한 문제를 해결하기 위해서 여러 나라에서는 로컬푸드운동을 확산하고 있다. 미국에서는 100마일 다이어트운동, 일본의 지산지소(地産地消)운동이 대표적이다. 우리나라에서도 전북 완주에서 처음으로 로컬푸드운동을 도입하였다. 요즘은 로컬푸드의 의미는 농산물의 직거래, 푸드마일리지의 친환경운동, 먹거리의 안전성, 신선농산물의 마케팅으로 활용하기도 한다. 농산물의 유통구조를 살펴보면, 대단위 농업으로 생산하는 농산물은 도매시장을 통해서 중도매인, 소매상을 거쳐서 소비자에게 공급한다. 소규모의 농업을 하는 농업인은 생산된 농산물을 직거래나 소매로 판매한다. 소규모 지역 농산물의 유통구조는 재래시장, 5일장, 꾸러미 택배, 직거래장터와 같이 다양하게 판매하고 있다. 로컬푸드의 사업유형은 로컬푸드 직매장, 택배형 꾸러미, 학교 급식 지원이 있다. 최근에는 지자체에서 지역 농업인의 농산물의 판로 해결과 소비자들에게 안전한 농산물을 공급하기 위해서 로컬푸드 직매장을 개설하여 운영한다. 로컬푸드 직매장은 소규모 농업인을 대상으로 작은 양의 농산물을 판매할 수 있도록 지원한다. 로컬푸드에서 판매하는 농산물 상품의 가격은 생산자가 직접 책정하여 판매한다. 농업인 자신의 얼굴과 자존심을 걸고 농산물을 판매하고 있다.

로컬푸드 직매장의 개설 주체에 따라 1) 지자체가 개설한 직매장, 2) 생산자 단체 직매장, 3) 지역농협 직매장으로 구분된다. 지자체가 개설한 직매장은 로컬푸드추진단이나 생산자 영농조합법인이 중간 지원 조직으로 생산기획 및 출하조정 등 지자체 예산으로 직매장을 운영한다. 대표적인 로컬푸드 직매장이 전북 완주군의 '용진농협 직매장'이다. 생산자 단체가 개설한 직매장은 친환경 농산물 위주의 상품 구성과 체험장을 중심으로 운영한다. 생산자 단체가 운영하는 로컬푸드매장은 '김포 로컬푸드'가 대표적이다. 지역농협 직매장은 대부분 복합매장 형태로 기존의 소매점인 하나로마트 시설 내부에 별도 공간에 로컬푸드 판매대를 설치하여 운영한다.

〈표〉 우리나라의 로컬푸드 직매장 개설 현황

(단위 : 개소)

		서울/경기	강원	대전/충남	세종/충북	전북	광주/전남	대구/경북	경남/울산	제주	계
지자체	2013	2	–	–	–	2	–	–	–	–	4
	2014	1	–	–	–	1	1	–	–	–	3
	2015	2	–	–	1	1	1	–	–	–	5
	2016	–	–	–	–	2	1	–	–	–	3
	소계	5	0	0	1	6	3	0	0	0	15
생산자	2013	2	–	1	–	–	1	1	1	–	6
	2014	3	–	1	–	–	–	–	3	–	7
	2015	1	–	3	2	3	–	–	–	–	9
	2016	1	–	1	–	–	–	1	–	–	3
	소계	7	0	6	2	3	1	2	4	0	25
농협	2013	2	–	3	–	5	5	1	2	–	18
	2014	5	2	7	1	2	2	2	7	–	31
	2015	3	2	5	1	–	5	2	3	1	23
	2016	1	1	–	–	12	–	–	1	–	5
	소계	11	5	15	2	13	12	5	13	1	77
합계		23	5	21	5	22	16	7	17	1	117

*출처: 지역경제활성화를 위한 로컬푸드 추진전략과 정책과제(2016, 정은미 등)

〈표〉 로컬푸드 직매장 운영 방식과 특징

유형		상품 구색		타지역 농산물 제휴	전반적인 상품 구색	관계성		소비자 교류 프로그램	할인 판매	안전성 규제
		신선	가공			생산자	소비자			
지자체 개설	도시형	◎	○	○	◎	◎	△	△	×	○
	농촌형	○	△	○	○	◎	×	×	○	×
	무인판매	△	×	×	△	○	×	×	×	×
생산자 단체	도시형	△	△	○	△	◎	×	×	×	○
	농촌형	△	×	×	△	◎	×	×	○	×
지역 농협	도시형	◎	△	○	○	○	△	△	×	×
	농촌형	△	×	○	△	○	×	×	×	×

주)

1) 상품구색 신선 : ◎매우 다양, ○비교적 다양, △일부 상품, ×거의 없음

  상품구색 가공 : ◎매우 다양, ○비교적 다양, △일부 상품, ×거의 없음

2) 소비자 교류프로그램 : ◎연 5회 이상, ○연 3~5회, △연 1~2회, ×거의 없음

3) 생산자와 결합관계 : ◎매우 강함(출자), ○비교적 강함(약정서 작성), △조합원

4) 소비자와의 관계 : ◎매우 강함(출자), ○비교적 강함(교육이수), △구매회원, ×구매만함

5) 타지역 농산물 제휴, 할인 판매, 안전성 규제(제초제 사용) : ○있음, ×없음

*출처: 지역경제활성화를 위한 로컬푸드 추진전략과 정책과제(2016, 정은미 등)

〈그림〉 세종시 도담동 로커푸드 직매장 '싱싱장터' 외부 모습

〈그림〉 세종시 도담동 로커푸드 직매장 '싱싱장터' 내부 상품 모습

5

쌀밥 먹기

일시	체험 내용	활동 참여자	준비물
11.15.	쌀밥 먹기	회원 전체	포장쌀, 활동자료집, 쌀밥 먹기

칠보 논 놀이터 회원들과 함께 논 놀이터에서 생산된 쌀로 밥을 지어 먹는 이벤트 행사를 했다. 이른 아침인데도 불구하고 약 50여 명이 참석했다. 참석자 중에는 비회원도 포함되어 있었다. 지난 1년 동안 논 놀이터에서 직접 모내기를 하고 김매기를 하고 벼를 베어서 소중한 쌀이 만들어졌다. 특별히 쌀 브랜드 공모전을 통해서 '칠보산 마을'이라는 쌀 브랜드를 만들었다. 회원들을 위해서 햅쌀을 씻고 김치찌개를 끓이고 행사 준비를 하였다. 쌀밥이 준비되는 동안에 논 놀이터 성과보고회를 가졌다. 논농사를 짓는 동안 많은 일이 일어났다. 논 놀이터 회원들은 친해졌고 아이들은 서로 친구가 되었다. 벌써 내년의 논 놀이터가 더욱 기대된다는 말을 한다. 논 놀이터 회원들에게

'칠보산 마을쌀' 5kg씩을 증정하였다. 쌀 브랜드 네이밍 공모전에서 1등을 수상자에게도 쌀 20kg을 상품으로 증정했다. 공식적인 행사 일정을 마치고 맛있게 지은 쌀밥을 시식하였다. 매일 먹는 밥이지만 오늘 먹는 이 쌀밥은 특별한 의미가 있는 쌀밥이었다. 그래서인지 직접 농사지어 먹는 쌀밥이 더욱 맛있다. 회원들은 맛있는 쌀밥을 먹으며 지난 논 놀이터의 체험활동을 추억으로 이야기꽃을 피웠다.

〈그림〉 '칠보산마을쌀'로 쌀밥 짓기 준비

〈그림〉 칠보 논 놀이터에서 생산된 쌀과 자료집 전시

〈그림〉 맛있는 쌀밥 먹기

〈그림〉 칠보산마을쌀 브랜드 당선자 쌀 증정

〈그림〉 논 놀이터 회원의 쌀 수령 인증

지식24 쌀 도정 방법

예전에는 벼를 수확하면 자신의 창고에 저장해 놓고 필요할 때마다 도정을 하였다. 하지만 요즘은 논에서 벼를 수확하면 곧바로 건조장이나 미곡종합처리장 RPC(Rice Processing Complex)로 옮겨진다. 농사를 짓는 농업인도 자신이 생산한 쌀을 먹지 못하고 마트에서 구입하여 먹는 경우가 많다. 농촌 지역의 노령화와 농업기계의 발전으로 벼농사 재배환경이 많이 변했다.

논에서 생산된 곡식을 먹거나 가공하기 위해서 왕겨와 쌀겨층을 제거하여 쌀로 만드는 과정을 도정(搗精, milling)이라 한다. 벼에서 꽃잎인 왕겨만 제거한 것을 현미(玄米, brown rice)라 하고 현미에서 쌀겨층을 깎으면 백미(白米, milled rice)라 한다. 백미는 쌀겨층을 깎아내는 정도에 따라서 10분도미(100% 제거), 7분도미(70% 제거), 5분도미(50% 제거)로 불린다. 벼에서 현미가 되는 제현율은 78~80%이고, 현미에서 백미가 되는 현백률은 90~93%이다. 즉, 벼에서 백미가 되는 도정률은 74% 정도이다. 쌀 도정은 마찰, 찰리, 절삭, 충격 등 복합적으로 작용하여 벼가 쌀로 변한다. 도정 과정은 원료(벼) → 정선 → 제현 → 현미분리 → 현백 → 쇄미분리 → 백미(쌀) 순으로 진행한다.

〈그림〉 쌀을 도정하는 정미소 모습 예시

① 2014년 광교 논학교 활동

광교 논학교 운영프로그램 예시

	일자	학교 내용	장소
1	3/16일 15시	입학식/OT/논농사 이론 1	한살림경기남부생협 수원지부
2	3/30일 15시	논농사 이론 2	
3	4/13일 15시	볍씨 소독 및 육묘	당수동 시민농장
4	4/27일 15시	무논직파/연심기	광교 운암골 논
5	5/11일 15시	김매기	광교 운암골 논
6	5/25일 15시	논두렁콩심기/모내기	광교 운암골 논
7	6/15일 15시	모내기	광교 운암골 논
8	6/29일 15시	옮겨심기	광교 운암골 논
9	7/13일 15시	김매기	광교 운암골 논
10	7/27일 15시	김매기/연꽃차만들기	광교 운암골 논
11	9/14일 15시	연잎차만들기 연잎수확	광교 운암골 논
12	9/28일 15시	논습지생태	광교 운암골 논
13	10/12일 15시	벼베기	광교 운암골 논
14	10/28일 15시	연근수확/콩수확	광교 운암골 논
15	11/16일 10시	수료식	한살림경기남부 수원지부

* 일정 및 내용은 농사과정에 따라 변동 또는 추가될 수 있습니다.

* 8월은 논농사 관련 견학예정 - 별도비용

* 주관 : 한살림경기남부생협 수원지부/수원텃밭보급소

논학교 입학식	모판 만들기
못자리 만들기	김매기
모내기	콩심기
벼베기	벼 탈곡

〈그림〉 광교 논학교 활동사진(2014)

2 도시농업관리사 자격증 소개

도시농업관리사란 도시민의 도시농업에 대한 이해를 높일 수 있도록 도시농업 관련 해설, 교육, 지도 및 기술보급을 하는 사람으로 정의한다. 도시농업관리사의 법적 근거는 「도시농업의 육성 및 지원에 관한 법률」 제11조의2에 근거하여 도시농업관리사 자격요건의 기본을 마련하였다. 동법 시행령 제7조의2에 도시농업관리사 자격요건의 세부 기준을 정했다. 도시농업관리사는 2가지 자격요건을 갖춰야 한다. 첫째, 도시농업 관련 국가기술자격증 1종이 있고, 둘째 도시농업 전문가 과정을 이수해야 한다. 도시농업 관련 국가기술자격증은 총 9종으로 농화학, 시설원예, 원예, 유기농업, 종자, 화훼장식, 조경, 자연생태복원과 같은 기능사 이상의 자격증이 1종 있어야 한다. 도시농업 전문가 과정 이수증은 지정된 도시농업전문인력양성기관에서 '도시농업 전문가 과정 80시간(이론40/실습40)'을 이수해야 한다.

도시농업관리사 자격증 발급신청은 도시농업전담기관인 농림수산식품교육문화정보원에 신청하면 된다. 신청 방법은 해당 국가기술자격증(1종) 사본과 도시농업 전문가 과정 이수증, 여권용 사진 1장을 준비하여 신청한다. 자격증 신청은 온라인 신청, 우편 신청, 직접 방문하여 신청할 수 있다. 접수된 자격증 발급신청서는 자격요건 2개의 증빙자료를 검토하여 최종 농림축산식품부에서 승인하여 자격증을 발급하여 배부한다. 현재까지는 자격증 발급신청 비용은 무료이다.

도시농업관리사 자격증을 취득하면 다양한 분야에서 전문가로 활동할 수 있다. 1) 전국적으로 증가하고 있는 주말농장, 도시농업공원과 같은 텃밭관리 전문가나 도시농업인을 대상으로 전문강사 활동을 할 수 있다. 2) 전국의 유치원, 초등·중등·고등학교의 학교 텃밭 강사로 활동한다. 3) 도시농업지원센터 및 전문인력양성기관의 지도교수나 전문요원으로 종사한다. 4) 전국의 농업기술센터나 지방농촌진흥기관의 시민농장, 도시농부학교, 텃밭 가꾸기와 같은 프로그램을 개설하여 운영한다. 5) 노인요양원과 같은 사회복지시설의 '텃밭관리 및 원예치료' 전문강사로 활동하기도 한다.

〈참고〉 도시농업관리사 자격증 사본 예시

제 2018-000962호

도시농업관리사 자격증

성   명 : 이 강 오
생년월일 :

위 사람은 「도시농업의 육성 및 지원에 관한 법률」 제11조의2에 따른 도시농업관리사 자격을 취득하였으므로 같은 법 시행령 제7조의2 및 같은 법 시행규칙 제6조의3에 따라 이 자격증을 발급합니다.

2018년 7월 19일

농림축산식품부장관

③ 도시농업지원센터 설립 및 운영

도시농업지원센터는 도시농업을 하는데 전반적으로 지원하는 곳이라 할 수 있다. 도시농업을 활성화를 위해서 도시농업지원센터와 도시농업전문가양성기관을 육성하고 있다. 도시농업지원센터는 도시농업의 기초 과정이나 텃밭운영 관련 전반적인 역할을 수행한다. 도시농업전문가양성기관은 도시농업 전문인력을 양성한다. 도시농업지원센터와 도시농업전문양성기관은 농림축산식품부나 지방자치단체에서 지정한다(「도시농업 육성 및 지원에 관한 법률 제10조」).

도시농업지원센터의 역할은 1) 도시농업의 공익기능 등에 관한 교육과 홍보, 2) 도시농업 관련 체험 및 실습 프로그램의 설치와 운영, 3) 도시농업 관련 농업기술의 교육과 보급, 4) 도시농업 관련 텃밭용기, 종자, 농자재 등의 보급과 지원, 5) 그 밖의 도시농업 관련 교육훈련을 위하여 필요한 사업을 수행한다.

도시농업지원센터로 지정받기 위해서는 다음과 같은 지정기준이 있다. 1) 도시농업 지도교수 및 운영 요원의 보유현황, 2) 도시농업 교육 및 실습 시설의 보유현황, 3) 도시농업 보급을 위한 교육 과정 및 운영계획, 4) 도시농업 정보제공 프로그램 보유 및 운영계획, 5) 수강료 책정 계획이 준비되어야 한다. 도시농업지원센터 지정신청은 위의 지정기준 서류를 첨부하여 농림축산식품부장관, 시·도지사 또는 시장, 군수, 구청장에게 제출하여 지정을 받는다.

도시농업지원센터 지정기준을 자세히 살펴보면, 1) 도시농업 지도·교수요원(1명이상 상근포함)과 운영요원은 각각 3명 이상이어야 한다. 2) 교육 및 실습을 위한 시설은 강의실은 50㎡ 이상, 실습·체험장은 1,000㎡ 이상, 농자재 보관시설은 50㎡ 이상, 도시농업 지원실은 30㎡ 이상이고, 그 밖에 화장실, 급수시설과 같은 편의 시설을 갖춰야 한다. 3) 도시농업 보급을 위한 교육 과정 운영은 농사요령 교육 과정 40시간(20시간 실습 이상)이어야 한다. 4) 도시농업 정보 제공 프로그램 보유 및 계획에는 텃밭 소개, 참여 방법, 신청·계약은 인터넷을 지원하고, 농자재 보급 및 회수 코너를 마련하며, 작물 재배 상담 및 컨설팅을 지원한다. 5) 수강료는 적정가격을 책정하고 수강료를 받으려는 교육 과정명과 수강료 납부 방법을 명시하고 부당한 비용은 받을 수 없다(도시농업의 육성 및 지원에 관한 법률 시행규칙 별표 1).

■ 도시농업의 육성 및 지원에 관한 법률 시행규칙 [별지 제2호서식] <개정 2013.3.23>

제 호

도시농업지원센터 지정서

1. 명 칭:

2. 사업자등록번호:

3. 성명(대표자 성명):   (생년월일)

4. 대표자 주소: (전화번호)

5. 사무소 소재지: (전화번호)

「도시농업의 육성 및 지원에 관한 법률」 제10조제2항 및 같은 법 시행규칙 제3조
제4항에 따라 도시농업지원센터로 지정합니다.

년   월   일

농림축산식품부장관
특별시장 · 광역시장 · 특별자치시장 · 도지사 · 특별자치도지사
시장 · 군수 · 구청장

[직인]

210mm×297mm[백상지 120g/㎡]

<참고 2> 도시농업지원센터 지정 현황(2018.12.)

시·도	기관명	지정 일자	주요 강좌
합계	29개 기관		
서울 (8)	강동도시농업지원센터	2013. 3.15	도시농부학교
	(사)텃밭보급소	2014. 3.31	도시농부학교
	㈜라이네쎄	2014. 4.25	도시농부 양성 과정
	(재)송석문화재단	2014.10.14	도시농부학교
	(사)도시농업포럼	2015. 1.15	도시농부학교
	㈜자농아카데미	2017. 2.22	도시농부교실
	S&Y도농나눔공동체	2018. 2.19	도시농부교실
	송파도시농업지원센터	2011. 8.30	도시농부 초보교실
부산 (5)	부산도시농업시민네트워크	2014. 3. 4	도시농업인 농사요령교육
	(사)부산도시농업포럼	2016. 2.22	꿈틀텃밭학교 등
	부산도시농업협동조합	2017. 2.20	도시농업인 농사요령교육
	기장군농업기술센터	2018. 1.24	도시농업인 농사요령교육
	동아대학교 친환경 도시농업연구소	2017. 8. 2	도시농업인 농사요령교육
인천 (2)	인천광역시 농업기술센터	2012. 7.19	도시농부아카데미 등
	인천 도시농업네트워크	2014. 2.10	도시농부 기초 과정 등
광주	(사)광주도시농업포럼	2016. 2.25	꿈틀학교 등
경기 (9)	수원시농업기술센터	2017. 4. 8	도시농부학교
	일산도시농업지원센터	2017. 9.21	행복한 도시농부 과정
	용인시농업기술센터	2017. 2. 8	도시농부학교
	화성시농업기술센터	2016.10.11	도시농부학교
	남양주시농업기술센터	2017. 2.16	귀농·귀촌교육
	파주생태문화교육원	2016.12.15	어린농부학교
	파주시농업기술센터	2018. 1.24	도시농업전문가
	김포시농업기술센터	2013. 3.26	김포도시농부학교
	한국사이버원예대학	2014. 7.25	도시농부 과정
강원	강원도시농업사회적협동조합	2018. 2.14	도시농업전문인력양성
충북	청주시농업기술센터도시농업관	2014. 7. 1	도시농업전문인력양성
경북	가톨릭상지대학교	2015. 1.30	–
경남	김해시농업기술센터	2017. 3. 8	도시농부학교

[참고문헌]

1. 『2014년 칠보산마을연구소 칠보 논 놀이터 활동집』, 칠보산마을연구소, 2014.

2. 『벼 재배공학』, 박광호 외, 향문사, 2014.

3. 『쌀 생산과학』, 채제천, 향문사, 2005.

4. 『RDA 인테러뱅』 제183호, 신동진 외, 농촌진흥청, 2016.

5. 『도시농업 힐링』, 이강오, 한국경제신문i, 2018.

6. 『신나는 건달농부의 주말농장』, 이강오, 글로벌콘텐츠, 2016.

7. http://www.seed.go.kr/seed/180/subview.do(국립종자원 홈페이지)

8. http://www.rda.go.kr/aehBoard/aeh_main.do?prgId=aeh_main&tab=01(사이버농업과학관)

논농사의 그리움

어린 시절을 농촌에서 보냈다. 고등학교 때까지 부모님의 농사일을 도왔다. 논농사와 밭농사를 돕는 일은 쉽지가 않다. 특히, 논농사의 모내기와 벼베기는 매우 힘든 작업이다. 다른 집의 논과 달리 우리 집의 논은 수렁논이었다. 벼베기를 할 때도 물이 빠지지 않아서 콤바인 기계로 벼베기를 하지 못하고 십여 명의 일꾼이 낫으로 일일이 벼를 베었다. 베어놓은 벼를 물논에 놓을 수가 없어서 소나무 가지를 꺾어 묶어서 끌고 다니면 벼베기를 했다. 소나무 가지 위에 놓은 볏단을 논 밖으로 옮기는 것이 나의 몫이었다. 수렁논을 걸어다니며 볏단을 양 옆구리에 끼고 논두렁으로 날라주면 아버지가 볏가리를 만들어 놓았다. 벼가 자라는 동안에는 피사리(김매기)와 논두렁 깎기도 힘든 작업이다. 예초기가 없어 낫으로 논두렁을 새벽부터 깎아야 했다. 가끔은 논농사가 힘들어서 공부하러 간다고 핑계를 대고 도서관으로 도망을 간 적도 있었다.

세월이 흘러서 직장을 다니면서는 홀로 벼농사를 짓고 계시는 어머니를 도와드

리기 위해서 농번기 때에는 주말마다 시골에 내려갔다. 못자리 만들기, 모내기, 논두렁깎기, 벼베기, 방아 찧기와 같은 힘든 일은 일부러 날짜를 맞춰서 내려갔다. 하지만 농업기계의 발달에 힘입어 예전처럼 힘이 들지 않았다. 모내기하는 날에는 모판만 이양기에 올려주면 된다. 모내기 작업시간도 두 시간 정도면 끝난다. 벼베기를 할 때도 콤바인 덕분에 논 밖에서 마대에 탈곡된 벼를 담기만 하면 된다. 농사일은 쉬워졌는데 그 쉬운 일을 할 젊은 사람들이 없다. 농촌 지역의 노령화로 작업 노동력의 부족은 사회적인 큰 문제로 제기된다.

　매일 회사와 집을 오가며 반복적인 생활에 벗어나고파 도시농업인 주말농장을 시작했다. 2~3년간은 텃밭 농사만 지었으나 해를 거듭할수록 논농사를 짓고 싶어졌다. 대도시에서 텃밭은 쉽게 찾을 수 있으나 논농사를 짓기는 쉽지가 않았다. 그래도 논농사에 관심을 갖고 여기저기 찾다 보니 '광교 논학교 모집 안내'를 접하게 되었다. 전단지의 전화번호로 바로 전화를 하여 논학교 참여 신청서를 접수했다. 한살림 수원지부에서 운영하는 '광교 논학교'는 전통방식을 고집하며 주말에 논농사를 지었다. 토종 볍씨를 선별하고 소독하여 못자리를 만들어 모를 키우고 손모내기를 하였다. 1,500여 평의 논을 재배하였는데 트랙터나 이양기, 콤바인을 전혀 사용하지 않고 오직 손작업만으로 하였다. 모내기를 위해서 그 넓은 논에 있는 잡초를 맨손으로 제거하는 일은 정말 힘든 일이었다. 하지만 여러 사람이 힘을 합쳐서 논에 잡초를 제거했을 때 논학교 학생들 모두 승리자들처럼 함성을 지르며 기뻐했다. 넓은 논의 벼베기는 콤바인이 아닌 낫으로 베어서 홀태와 발로 밟은 탈곡기로 벼를 탈곡했다. 그 옛날에 벼농사를 지었던 전통방식을 고집하며 1년 동안 힘들게 벼농사를 배우고 몸소 실천하였다.

　도시생활을 하면서 벼 재배는 여기에서 끝나지 않았다. 회사에 옥상 텃밭을 만들어서 직원들과 함께 작물을 재배하고 있다. 상자 텃밭을 이용하여 작물을 재배하였으나 벼농사를 짓고 싶어서 벼 화분을 특별히 준비했다. 벼 모종은 텃밭 작물 재배와 달리 주위의 논에 모내기를 한 후에 땜방용으로 남겨 놓은 모를 주위 와서 벼 화분에 심었다. 벼 화분에서 잘 자라는 벼를 지켜볼 때면 마음이 흐뭇했다. 낫으로 벼를 베고 여러 사람이 둘러앉아서 손으로 벼이삭을 훑었다. 옥상 텃밭에서 수확한 쌀로 떡을 해서 회사 사람들과 나눠 먹었다. 물론 옥상 텃밭에서 생산된 쌀로는 턱없이 부족해서 떡집에서 쌀을 더해서 떡을 했다. 회사직원들 모두 맛있는 떡을 먹으며 옥상 텃밭에서 자란 벼 이야기는 즐거운 추억으로 남아 있다.

회사가 세종시로 이전한 지 4년이 지났다. 4년 전에 수원에서 살면서 '논 놀이터'를 운영했다. 논 놀이터를 통해서 아이들은 벼농사의 소중함과 자연생태환경의 중요성을 자연스럽게 인식할 수 있었고 어른들은 어린 시절의 향수와 주위의 사람들과 서로 교류하며 친하게 지낼 수 있어서 좋았다. 과거의 좋았던 추억을 세종시에서도 만들어보고자 '세종시 논=놀이터'를 계획하여 도시농업단체와 함께 추진하려고 했으나 여러 가지 여건이 맞지 않아서 실행에 옮길 수 없었다. 내년에는 조금 더 세심하게 계획하고 준비하여 세종시에서도 논 놀이터 체험활동이 정착될 수 있었으면 하는 바람이다.

농촌에서 태어나 어려서부터 부모님의 농사일을 도우며 생활하였다. 농사일이 힘들어서 직업으로 농업은 선택하고 싶지 않았다. 다행히 생업으로 농사일을 하지 않는다. 하지만 농업 관련 회사에 다니면서 왠지 모를 허전함 때문에 몇 년 전부터 어린 시절에 그토록 싫어했던 농사일인 주말농장을 하고 있다. 주말농장은 작지만 여러 종류의 작물을 심고 가꾼다. 친환경재배 방법으로 작물을 키우다 보니 병해충이나 잡초 때문에 어려움이 많다. 주말에는 뜨거운 뙤약볕에서 땀을 흘리며 잡초를 뽑고 작물을 가꾼다. 지금의 주말농장활동은 그 옛날의 힘든 농사일과는 달리 즐거운 감정과 삶을 풍요롭게 한다. 특히, 어린 시절 나를 힘들게 했던 벼농사는 관심이 많고 꼭 재배하고 싶은 작물이다. 도시농업은 생산성이 낮아 경제적인 가치는 적지만 농업 힐링이나 즐거움과 같은 새로운 가치를 제공해준다. 도시에 살면서 농업을 실천하는 것은 바쁜 도시생활에 쉼표이며 삶의 활력소이다.

지은이 **이강오**

저자는 농업·농촌의 발전을 선도하는 전문가, 농학박사다.

일본 큐슈대학 농업시설시스템공학전공 농학박사학위 취득, 농업·농촌을 지원하는 농림수산식품교육문화정보원에 16년째 근무하고 있다. 농업인 교육, 농식품안전관리, 스마트팜 보급, 농업정보화 확산, 농촌지역 개발 지원, 도시농업, 국제통상업무와 같은 주요 업무를 추진했다. 사업의 성과를 인정받아 '농림축산식품부 장관상'을 2회 수상했다.

현재, 농림수산식품교육문화정보원에서 국제통상 대응 지원, 신성장동력사업 발굴, 농식품 생명자원 정보관리, 나고야의정서 대응시스템과 같은 주요 과제를 수행하고 있다.

농업의 즐거움 경험과 중요성을 책으로 쓰고 있다. 저서로 『건달농부의 신나는 주말농장』, 『4차 산업혁명시대의 도시농업 힐링』, 『즐거운 농업의 시작 스마트팜 이야기』 등이 있으며, 공저로 『작물생육 모델링의 이론과 실제』가 있다.

우리집 논 = 놀이터
: 칠보산 마을 논 벼농사 체험프로그램

© 이강오, 2020

1판 1쇄 인쇄__2020년 02월 01일
1판 1쇄 발행__2020년 02월 07일

지은이__이강오
펴낸이__양정섭

펴낸곳__경진출판
　　　　등록__제2010-000004호
　　　　이메일__mykyungjin@daum.net
　　　　블로그__mykyungjin.tistory.com
　　　　사업장주소__서울특별시 금천구 시흥대로 57길(시흥동) 영광빌딩 203호
　　　　전화__070-7550-7776　　　팩스__02-806-7282

값 15,000원
ISBN 978-89-5996-720-9 03520